امید کا بیج

(سائنسی و ماحولیاتی مضامین)

قمر مہدی

© Qamar Mehdi

Ummeed ka Beej *(Science Essays)*

by: Qamar Mehdi
Edition: June '2024
Publisher :
Taemeer Publications LLC (Michigan, USA / Hyderabad, India)

ISBN 978-93-5872-510-0

9 789358 725100

مصنف یا ناشر کی پیشگی اجازت کے بغیر اس کتاب کا کوئی بھی حصہ کسی بھی شکل میں بشمول ویب سائٹ پر اَپ لوڈنگ کے لیے استعمال نہ کیا جائے۔ نیز اس کتاب پر کسی بھی قسم کے تنازع کو نمٹانے کا اختیار صرف حیدرآباد (تلنگانہ) کی عدلیہ کو ہو گا۔

© قمر مہدی

کتاب	:	**امید کا بیج** (مضامین)
مصنف	:	**قمر مہدی**
جمع و ترتیب / تدوین	:	اعجاز عبید
صنف	:	غیر افسانوی نثر
ناشر	:	تعمیر پبلی کیشنز (حیدرآباد، انڈیا)
سالِ اشاعت	:	۲۰۲۴ء
صفحات	:	۶۴
سرورق ڈیزائن	:	تعمیر ویب ڈیزائن

فہرست

(۱)	سکھ چین یا امید کا بیج	6
(۲)	انڈا پہلے تھا یا مرغی؟	17
(۳)	کولمبس نے کیا ڈھونڈا	26
(۴)	جو رنگ دے	34
(۵)	ریشمی پھل	42
(۶)	بیر: اچھی غذا	50
(۷)	سنبل: باغوں کا محافظ	58

سکھ چین یا امید کا بیج

ہم ایسی دنیا کے باسی ہیں جو ہر لمحہ بدلتی ہے اور اس کے اسی تغیر کو زندگی بھی کہا جاتا ہے۔ یہ تبدیلی کئی طرح کی ہوتی ہے جیسے کہ دن اور رات کا ہونا یا پھر دنوں کا مہینوں اور سالوں میں بدل جانا، بچے کا جوان اور جوان کا بوڑھا ہونا وغیرہ۔ یہ سب کچھ مسلسل اور جاری عمل ہے اور ایک خاص وقفے اور توازن کا محتاج ہے۔ موسموں کا بدلتے رہنا بھی اس کی ایک اور مثال ہے۔ ہماری زندگی میں اس توازن کی بہت زیادہ اہمیت ہے اور اس میں معمولی تبدیلی بھی بہت گھمبیر نتائج کی حامل ہوتی ہے جیسے کہ کسی بچے کا قبل از وقت جوان ہو جانا یا پھر وقت سے پہلے ہی بوڑھا اور ناتواں ہو جانا، گرمی کے مہینے میں گرمی کا نہ ہونا یا بارش کے موسم میں خشک سالی، ہمارے گھریلو تعلقات، سماجی روابط، انفرادی اور اجتماعی اقتصادی حالات سب ہی ان سے متاثر ہوتے ہیں۔

انسان زمین پر پائی جانے والی زندگی کی مختلف اشکال میں سے ایک ہے۔ زمین کے استعمال میں پرندے، حیوانات، حشرات اور نباتات وغیرہ اس کے شراکت دار ہیں۔ ان میں سے کسی کا بھی اپنے حصے سے زیادہ لینا اس توازن کو بگاڑنے اور سب کے لئے ہی نقصان کا باعث ہوتا ہے۔ حضرت انسان نے اپنی بڑھتی ہوئی آبادی اور وسائل کے بے دریغ استعمال سے اسے بری طرح متاثر کیا ہے۔ زمین پر سبز چادر کے رقبے میں مسلسل کمی نے موسموں کو متاثر کیا ہے اور ایسی صورت حال پیدا کر دی ہے جس سے خود اس کی

اپنی خوراک کی دستیابی ایک گھمبیر مسلہ بن چکی ہے۔

ایسی ہی ایک مشکل ہندوستان کی ریاست آندھرا پردیش میں بھی تھی اور یہ ریاست اپنے کاشتکاروں کی طرف سے کی جانے والی خود کشیوں وجہ سے پورے ملک میں بدنام ہو رہی تھی۔ مسلسل کئی سال تک بارش کے نہ ہونے سے اور درختوں کی تعداد میں انتہائی کمی سے زمین میں نامیاتی مادے کی مقدار اپنی کم ترین سطح پر تھی اور یہ زمین اپنے کاشتکار کو تمام تر محنت کے باوجود پیٹ بھر روٹی تک دینے کے قابل نہ تھی، ایسے میں اپنے ہی ہاتھوں اپنی زندگی کا خاتمہ کرنے کے سوا اور کوئی راستہ نہ تھا۔ ۱۹۹۶ سے ۲۰۰۴ کے درمیانی عرصے میں حالات بہت بگڑ گئے اور خود کشیوں کی تعداد ہزاروں میں جا پہنچی۔

یہ صورت حال سب ہی کے لئے تشویش کا باعث تھی اور سب ہی اس کا قابل عمل حل کھوجنا چاہتے تھے۔ انہیں میں سے ایک گروہ ہندوستان کے شہر بنگلورو میں قائم انڈین انسٹیٹیوٹ آف سائنس کا بھی تھا۔ جو قحط زدہ علاقوں میں زراعت کے لئے پانی کی فراہمی ممکن بنانے کے ارزاں اور قابل عمل حل کے لئے دیہاتیوں سے مشاورت کی غرض سے وہاں موجود تھا۔ ان بنجر اور بیابان علاقوں میں جہاں کچھ بھی نہیں پنپ رہا تھا، ایک چیز نے انہیں چونکا دیا اور وہ تھا ایک درخت جو اس قحط زدہ علاقے میں جہاں ہر چیز سوکھی اور بے جان تھی یہ نہ صرف ہرا بھرا تھا بلکہ خوب پھل پھول بھی رہا تھا۔ غور کرنے سے معلوم ہوا کہ یہ ایک مقامی درخت ہے اور صدیوں سے کاشت ہوتا آیا ہے، اور اس کے بیجوں کا تیل دیے روشن کرنے اور صابن بنانے کے کام بھی آتا ہے۔

لوگوں کے لئے عام سا یہ درخت سائنسدانوں کے لئے امید کی ایک کرن ثابت ہوا، تحقیق نے اس کی قدر و قیمت میں بے اندازہ اضافہ کر دیا اور اب اس کی کاشت کو توانائی کی کاشت کہا جاتا ہے۔ اس کا وطن صرف جنوبی ہندوستان ہی نہیں بلاشبہ پورا برصغیر

پاک و ہند ہے۔ ہمالیہ کے دامن سے جنوبی ہند اور برما سے جنوبی پنجاب اور سندھ کے ریگستانوں تک سب ہی جگہ قدرتی طور پر پایا جاتا ہے اور کاشت بھی ہوتا رہا ہے۔ آیئے اپنے اس ہم وطن سے ملیئے جس کو ہم نے فراموش کرر کھا ہے۔

اسے جنوبی ہند میں اور ہندوستان کے دوسرے علاقوں میں کارنج، پونگ، پونگم اور ہونگ کہا جاتا ہے، انگریز نے اسے ہندوستان کے ساحلوں پر لہراتے دیکھا تو انڈین بیچ ٹری کا نام دے دیا۔ دونوں طرف کے پنجاب اور پاکستان کے دوسرے علاقوں میں اس عجوبہ روز گار سے محبت کا یہ عالم رہا ہے کہ اسے سکھ چین کا نام دیا گیا۔ آیئے اس پر کچھ اور غور کریں کہ یہ نام کہاں سے آیا۔

سکھ چین ایک مرکب لفظ ہے اور دو الفاظ یعنی سکھ اور چین سے مل کر بنا ہے جو تقریباً ہم معنی ہیں۔ سکھ ایک احساس ہے جو ہمیں کسی سے حاصل ہوتا ہے اور چین ایک کیفیت ہے جو کسی مقام پر پائی جاتی ہے۔ اب سوال یہ ہے کہ نباتاتی لاطینی میں "پونگامیہ پائی نیٹا" کہلانے والے اس درخت کو سکھ چین کا نام ہی کیوں دیا گیا؟ اگر آپ نے اسے نظر بھر کر دیکھا ہے یا آپ اس کی بھرپور چھاؤں میں کچھ دیر کو ستائے ہیں تو یہ کوئی مشکل سوال نہیں۔

سکھ چین کی چھاؤں بہت گہری اور ٹھنڈی ہوتی ہے۔ موسم بہار کے اختتام پر جب سورج مہاراج کا تاپمان بڑھنے لگتا ہے تو سکھ چین اپنے نئے پتے نکالتا ہے بہت ہی ہلکے اور نرالے سبز رنگ کے پتوں سے چھن کر سورج کی تیز دھوپ ایک الگ ہی رنگ میں رنگ جاتی ہے۔ اور اس الگ سی روشنی میں سکھ چین کو صرف دیکھنا ہی باعث طمانیت ہوتا ہے۔ سبز کا ایسا منفرد رنگ اور اس سے چھن کر آتی سحر انگیز روشنی اپنے اندر ایک جادو سا لئے ہوتی ہے جس سے بچنا محال ہے۔ کوئی بھی اس ساحر درخت کی چھتری کے اندر اور باہر

روشنیوں کے اس فرق سے محظوظ ہوئے بغیر نہیں رہ سکتا۔ چمکتی دھوپ میں سکھ چین کے نیچے سکھ اور چین کے علاوہ ایک نیا رنگ اور احساس بھی ہوتا ہے جو لفظ بیان نہیں کر سکتے۔

اپنے شجرہ نسب کے مطابق یہ ایک خاندانی درخت کہلا سکتا ہے۔ سکھ چین نباتات کے وسیع اور عظیم خاندان "فیب ایسی" کے لگ بھگ ۱۹۴۰۰ ارکان میں سے ایک ہے اور خوب ہے۔ اسی خاندان کے اور بھی بہت سے پودے اور درخت ہماری خوراک کا حصہ ہیں جن میں لوبیہ، مٹر، چنے اور دالیں وغیرہ شامل ہیں۔ صنعتی دور سے پہلے مسواک دانت صاف کرنے کا ایک اہم ذریعہ تھی۔ مسواک میں ٹوتھ پیسٹ اور برش دونوں ہی موجود ہوتے ہیں۔ مسواک کرنے والے سکھ چین سے ضرور واقف ہوتے ہیں کہ اس کی نرم نرم شاخیں اپنے اچھے ذائقے اور تازگی کے بھرپور احساس کی بنا پر بطور مسواک بہت مقبول ہیں۔

سکھ چین درمیانے قد کاٹھ کا درخت ہے جو پندرہ سے پچیس میٹر تک بلند ہو سکتا ہے اور اس کی چھتری بھی اسی قدر چوڑی اور چاروں طرف پھیلی ہوئی ہوتی ہے۔ تقسیم ہوتی اوپر کو بڑھتی ہوئی ٹیڑھی میڑھی شاخوں اور تنے کا رنگ سلیٹی ہوتا ہے چھال زیادہ کھردری نہیں ہوتی اور اپنے بھلے رنگ کی وجہ سے خوشگوار تاثر ابھارتی ہیں۔ موسم گرما کی شروعات میں نمودار ہونے والے یہ پتے ایک دوسرے کے آمنے سامنے دو دو کی جوڑیوں میں ایک ہی شاخ پر سات سے نو کی تعداد میں ہوتے ہیں۔ پہلے ہلکے گلابی رنگ کے ہوتے ہیں اور پھر بہت ہی خوشگوار سبز ہو جاتے ہیں۔ یہ سبز رنگ وقت کے ساتھ گہرا ہوتا رہتا ہے۔ پت جھڑ سے پہلے ان کا رنگ شاید جدائی کے خوف سے زرد پڑ جاتا ہے اور پھر بھورا۔ اپنی شاخ سے جدا ہو کر بھی یہ اپنے کام سے غافل نہیں ہوتا، درخت کے اطراف میں اور

جہاں تک ہوا اڑا لے جائے زمین کی بالائی سطح (جسے اصطلاحاً ٹاپ سوائل بھی کہتے ہیں اور جو زمین کی زرخیزی کا ایک پیمانہ بھی ہے) میں اضافے کا باعث ہوتا ہے۔

اپنی زندگی کے آخری مراحل میں پتوں پر سفید رنگ کے دھبے نمودار ہوتے ہیں جنہیں کچھ ماہرین کی رائے میں ایک وائرس کا حملہ بتایا جاتا ہے جب کہ ہمارے باغبان اسے ان کی زندگی کا ایک مرحلہ ہی بتاتے ہیں۔ سکھ چین کے ہر درخت کے ہر پتے پر اور ہر جگہ ایک ہی جیسے دھبے اور ان سے درخت کو کوئی نقصان نہ ہونا ہمیں باغبانوں کی رائے کو زیادہ فوقیت دینے پر مجبور کرتا ہے۔ پت جھڑ میں بھی سکھ چین کا نظارہ الگ ہی ہوتا ہے، اس کے اطراف کی زمین پوری طرح اس کے سوکھے پتوں سے ڈھکی ہوتی ہے۔

پھول گچھوں کی صورت سارا سال ہی آتے رہتے ہیں اور اتنے کہ درخت ان سے لد جاتا ہے۔ سفید گلابی اور ہلکے کاسنی رنگ کے یہ پھول خوشبودار نہیں ہوتے مگر پھر بھی شہد کی مکھیوں اور دوسرے حشرات الارض ان کی پذیرائی آگے بڑھ کر کرتے ہیں اور یوں نباتاتی عمل کو بڑھاوا ملتا ہے۔ یہ پھول اپنی طبعی عمر کو پہنچ کر زمین کا زیور ہو جاتے ہیں اور درخت کے نیچے کی زمین ان کے ہی رنگ میں رنگ جاتی ہے۔ باغبان بھی ان سے بہت عمدہ نامیاتی کھاد تیار کرتے ہیں جو اپنے معیار اور اثر انگیزی کے باعث مشہور ہے۔

پھولوں کے بعد باری آتی ہے پھلیوں کی جو فوراً ہی ظاہر ہوتی ہیں۔ سموسہ نما پھلیاں شروع میں سبز مگر سوکھ کر خاکی رنگ کی ہو جاتی ہیں۔ ان پھلیوں یا سیڈ پوڈ میں ایک ہی بیج ہوتا ہے۔ یہ اکلوتا بیج تیل سے بھرا ہوتا ہے۔ اپنے کل خشک وزن کے چالیس فیصد کے برابر جو اسے تیل دار بیجوں میں اعلی مقام دلاتا ہے۔ روائیتی طور پر برصغیر کے باشندے اس کے تیل سے واقف تھے اور اس کا استعمال اپنے گھروں کے چراغ روشن کرنے اور کچھ علاقوں میں صابن بنانے میں بھی استعمال کرتے آئے ہیں۔ مسواک اور چراغوں کے

تیل کے لئے کاشت کئے جانے والے اس درخت کی معاشی اہمیت اور افادیت پر پڑے پردے جدید سائنس اور تحقیق نے اٹھا دیئے ہیں۔ اب اس کے تیل کو ایک چھوٹے سے کیمیائی عمل سے گزار کر موٹر گاڑیوں میں استعمال ہونے والے ڈیزل کے ہم پلہ قرار دیا گیا ہے۔

انڈین انسٹیٹیوٹ آف سائنس، بنگلورو کے سائنس دانوں نے امید کی جو کرن ایک دیہاتی علاقے کے دورے کے دوران دیکھی تھی تحقیق نے اسے ایک روشن مینار بنا دیا۔ سکھ چین کا درخت چار سال میں پھول دینا شروع کرتا تھا اور دس سال کی عمر میں مکمل درخت اور بھرپور پیداوار کے قابل ہوتا تھا، پر عزم سائنسدانوں نے پیوند کاری سے اس کی ایسی قسم تیار کی جو تین سال کے قلیل عرصے میں ہی مکمل درخت اور بھرپور پیداوار دیتی ہے۔ اس طرح انتظار کی مدت ختم ہوئی اور اس کی کاشت بطور ایک فصل کے ممکن ہوئی۔

اب مرحلہ تھا خودکشی پر آمادہ مایوس کسانوں کو یہ باور کرانے کا کہ سکھ چین کی کاشت ان کی زندگیوں میں سکھ چین لا سکتی ہے۔ ایک ایسی فصل جو ان کی غذا نہیں بن سکتی ان کو غذائی قلت سے نجات دلا سکتی ہے۔ یہ ایک صبر آزما اور کٹھن کام تھا جسے بہت تندہی سے انجام دیا گیا۔ کاشتکاروں کو حیرت ہوئی جب انہوں نے جانا کہ چاول کی چار ایکڑ پر کاشت کے لئے جتنا پانی چاہیے اسی پانی میں سکھ چین ایک سو پچاس ایکڑ پر کاشت ہو سکتا ہے۔ اپنی نوعیت کی اس انوکھی مہم کو کامیابی اس وقت ملی جب حکومت نے سکھ چین درخت کی کاشت اور اس سے معاشی طور پر منافع بخش پیداوار حاصل ہونے کے عرصے میں جو تین سال پر محیط تھا کے لئے کاشتکاروں کو ۳۰۰ کلو گرام چاول فی ایکڑ کی امداد دینا منظور کیا۔ اس طرح زیادہ سے زیادہ ایکڑ زیر کاشت لائے گئے اور کاشت سے منافع بخش

ہونے تک کے عرصے میں ان کی غذائی ضروریات کے تحفظ نے کاشتکاروں کو آمادہ کیا کہ وہ اس نئے اور انوکھے سفر پر روانہ ہوں۔

تحقیق اور اسے کاشتکار تک پہچانے کے لئے ادارے ہر سطح پر مملکت خداداد پاکستان کے ہر صوبے میں بھی موجود ہیں۔ زمین کی زرخیزی اور میٹھے پانی کی کمیابی جیسے مسائل بھی موجود ہیں اگر کمی ہے تو اس درد دل کی جو ہمیں اپنے ہم وطنوں درد کو اپنا ہی درد سمجھنے پر مجبور کرے، کمی ہے تو ادارہ جاتی سطح پر ارادے کی اور انفرادی سطح پر اپنے کام کو ایسے کرنے کی کہ جیسا کرنے کا حق ہے۔

نہری نظام میں توسیع اور دریاؤں پر پانی ذخیرہ کرنے کے لئے بندوں کی تعمیر اور موسمی تغیرات کی بنا پر دریاؤں میں پانی کی کمی نے سب سے زیاد صوبہ سندھ کو متاثر کیا ہے۔ میٹھے پانی کے سندھ ڈیلٹا میں نہ جانے کی وجہ سے سمندر کا پانی اوپر خشکی چڑھ آیا، سائنسی اصطلاح میں اسے "سی واٹر اٹروجن" کہتے ہیں۔ اس نے زیر زمین پانی کو کھارا اور زمین میں نمکیات کی مقدار کو خطرناک حد تک بڑھا دیا۔ اور نتیجے میں سندھ کے کئی اضلاع کی زمین میٹھے پانی کی عدم دستیابی کے باعث قابل کاشت نہ رہی۔ پانی کی مقدار کو بڑھانے پر ہم قدرت نہیں رکھتے اور شاید تحقیق پر یقین۔ اسی لئے جس چیز میں اضافہ مسلسل ہو رہا ہے وہ غربت ہے۔ بے اندازہ زمینیں اپنے مسیحا کے انتظار میں ہیں، مگر وہ کب آئے گا؟

سفر وسیلہ ظفر کا محاورہ بھی اس مہم کے دوران لوگوں کو اپنے معنی بہتر طور پر سمجھانے میں کامیاب ہوا اور اس میں شامل افراد، سرکاری اور نجی ادارے سب ہی نئے تجربات سے گذرے اور کامیابی کو ایک الگ اور اجتماعی طور پر محسوس کیا گیا۔ اس کی ابتدا چند ہزار خاندانوں اور دس ہزار ایکڑ پر سکھ چین کی کاشت سے ۲۰۰۳ کی گئی اور دیکھتے ہی دیکھتے بڑھ کر چالیس ہزار خاندان ایک لاکھ ایکڑ پر سکھ چین بونے اور سکھ چین ہی کاٹنے

میں مصروف ہو گئے۔

جہاں سکھ چین نے لوگوں کی زندگی سے مایوسیوں کے اندھیرے ختم کر کے امید کی روشنی بھر دی وہیں خود اس کی اپنی زندگی کے اسرار ورموز بھی اس کے ہم وطنوں پر آشکار ہونے لگے۔ جو پہلے کہیں صرف ایک اچھی مسواک تھی اور کہیں صابن بنانے کا ایک تیل، اب ایک بھرپور معاشی سرگرمی کا محرک اور طویل عرصے ساتھ نبھانے والا اور سکھ چین بانٹنے والا ہم سفر بن گیا، اور یہ سب خود انحصاری کے جذبے، یقین محکم اور تحقیق کی بدولت ممکن ہوا۔

اس کے وجود کا ہر حصہ نمو پانے سے فنا ہونے تک معاشی سرگرمیوں کا سرخیل اور اپنے ہم وطنوں کے لئے باعث راحت ہوتا ہے اور یہ وہ حقیقت ہے جو ہمیں تجربے سے حاصل ہوئی۔ سکھ چین زمین کے اوپر کیا کارہائے نمایاں انجام دیتا ہے اس پر کچھ روشنی ڈالنے کی کوشش کی گئی ہے، زمین کے نیچے بھی اس کی کارکردگی کچھ ایسی ہی ہے۔ اس کی جڑوں کا بے حد مربوط اور پھیلا ہوا جال زمین کے نامیاتی خزانے میں بے حد اضافے کا باعث ہوتا ہے۔ شروع میں اس بات کا تذکرہ کیا گیا تھا کہ اس کا تعلق پھلی دار درختوں اور پودوں کے خاندان "فیب ایسی" سے ہے۔ اس خاندان کے سبھی ارکان ایک خاص صلاحیت کے حامل ہوتے ہیں اور ان کی جڑوں کا ایک حصہ جسے "روٹ نوڈلز" کہتے ہیں "نائٹروجن فکسنگ" کرتا ہے یعنی ہوا میں موجود نائٹروجن گیس کو پودوں کے استعمال کے قابل نائٹروجن کھاد میں تبدیل کرتا ہے اس طرح خود اس کی اپنی ضروریات کے علاوہ اردگرد کی زمین بھی زرخیز ہو جاتی ہے یوں بنجر زمین کو بحال کرنے کا کام بھی کرتا ہے۔

سکھ چین کی جڑوں کا ہمہ جہت نظام گہرائی میں جا کر زمین میں پوشیدہ قدرت کے

بے بہا خزانے خود اس کے اپنے لئے اور ارد گرد کی زمین پر کاشت کئے گئے اور پودوں کے لئے دستیاب کرنے کا اہم فریضہ بھی انجام دیتا ہے۔ سکھ چین کی کاشت کوئی مشقت بھرا کام نہیں۔ اسے بیج سے ہر طرح کی زمین بنجر یا زرخیز، کلراٹھ اور شورزدہ سب میں ہی یکساں طور پر کاشت کیا جا سکتا ہے۔ اسے پوری دھوپ درکار ہے اور یہ حیران کن حد تک موسمی تغیر اور درجہ حرارت میں کمی بیشی کو برداشت کر سکتا ہے۔ نقطہ انجماد سے بھی پانچ ڈگری نیچے سے لے کر جنوبی پنجاب کے گرم صحرائی علاقوں کا پچاس ڈگری سے بھی زیادہ گرم موسم اس کے لئے کوئی رکاوٹ نہیں۔ زندگی کی شروعات میں کچھ توجہ کا طالب ضرور ہوتا ہے کہ اس کی ابتدائی تراش خراش سے ہی اس کے خدوخال بنائے جاتے ہیں اور زیادہ پیداوار حاصل کی جا سکتی ہے۔

آندھرا پردیش کے اس کامیاب تجربے سے علم میں اضافہ ہوا اور نئی راہیں کھلی، بیجوں سے تیل حاصل کر لینے کے بعد بچ جانے والا پھوک جانوروں کے کھانے کے لائق نہ تھا مگر کھیتوں میں بطور کھاد استعمال ہو سکتا تھا، سائنسدانوں نے اس کے خمیر سے پیدا ہونے والی گیس کو کھانا پکانے اور بطور بائیو گیس موٹر گاڑیاں ٹریکٹر اور ٹیوب ویل وغیرہ چلانے کے لئے استعمال کیا اور اس سے بھی بچ جانے والے مادے کو بہترین نامیاتی کھاد قرار دیا، گویا صرف ایک ہم وطن پودے نے امید کے اتنے دیئے روشن کئے کہ گاؤں کے گاؤں اس کے نور سے جگمگانے لگے۔

سکھ چین ہمارا اپنا درخت ہے، اس پر تحقیق انڈیا کے علاوہ امریکہ اور دوسرے ممالک میں بھی ہو رہی ہے اور اسے متفقہ طور پر زرعی شجر کاری کے لئے بہترین انتخاب کہا جا رہا ہے۔ اس کی وسیع اور گھنی چھتری ہمیں ٹھنڈی چھاؤں تو دیتی ہی ہے ساتھ ہی زمین سے نمی کے بخارات میں تبدیل ہو کر اڑ جانے کے عمل کو روکتی ہے، اس کی جڑیں

زمین میں نمی محفوظ رکنے کی صلاحیت کو بڑھاتی ہیں۔اس کے گرم موسموں کو برداشت کرنے کے مزاج کی بنا پر افریقی ممالک یوگنڈا اور کیمرون نے ۲۰۰۶ میں اس کی کاشت وسیع رقبہ جات پر کی ہے۔اس پر بھی غور کیا جارہا ہے کہ اس کی کاشت براعظم افریقہ کے طول عرض میں کی جائے تاکہ زیر زمین نمی کو برقرار رکھا جاسکے، زیر زمین نامیاتی مادے میں اضافہ ہو۔ صحرا کو بڑھنے سے روکا جاسکے اور ساتھ ہی ساتھ بائیو ڈیزل کی بھرپور فصل بھی حاصل کی جاسکے۔ایک بار کاشت کیا جانے والا سکھ چین پچاس برس تک بھرپور پیداوار دیتا ہے۔

آیئے اب کچھ احوال مملکت خداداد پاکستان میں سکھ چین اور اس کے ساتھ ہونے والے سلوک کا ہو جائے۔ صورت حال کچھ اچھی نہیں ہے۔لاہور کی پرانی شجر کاری کے کچھ عمدہ شجر اب بھی لاہور کی سڑکوں اور باغوں میں موجود ہیں۔ باقی سب اللہ ہی ہے۔اول تو نئی تعمیرات اور ان کے ڈیزائن میں پودوں اور درختوں کے لئے کوئی جگہ مختص کرنے کا کوئی رواج ہی نہیں رہالیکن اگر کسی نئی تعمیر کی گئی سڑک کے اطراف کسی قسم کی شجر کاری کے لئے جگہ چھوڑی بھی گئی ہے تو اس پر بدیسی پودوں کا قبضہ نظر آئے گا، بدیسی پودوں کا بھی کیا قصور، وہ خود کب یہاں خوش رہ سکتے ہیں، ان کی نشوونما بھی تو ٹھیک سے نہیں ہوتی، مگر کیا کیا جائے اس لالچ اور جہالت کا کہ جو اسی پر اسرار کرتی ہے۔ویسے تو دستیاب وسائل اور ترقیاتی کاموں کے لحاظ سے پنجاب میں لاہور کے علاوہ، کوئی بھی شہر بڑا شہر کہلانے کے قابل نہیں ہے۔ پھر بھی تقابل کے لئے اگر ملتان ، فیصل آباد اور راولپنڈی وغیرہ کو دیکھا جائے تو وہاں نئی شجر کاری کی بجائے بزرگوں کے لگائے درختوں کی بربادی ہی نظر آتی ہے۔ ملتان میں جو سڑکیں بجاطور پر ٹھنڈی سڑک کہلاتی تھیں آج دھوپ سے بھری، بے رحم اور مسافر کش دکھائی دیتی ہیں۔ دور دور تک کہیں ستانے کی

کوئی جگہ نظر نہیں آتی۔ پیدل چلنے والوں کے لئے فٹ پاتھ تو غائب ہوئے ہی ہیں سایہ بھی جاتا رہا۔

کسی موٹر وے کسی ہائی وے پر کہیں سکھ چین کے بندہ پرور درختوں کی کوئی قطار نہیں ہے۔ اسلام آباد کی مرکزی شاہراہ سمیت کئی شہروں کی ایسی ہی شاہرات پر جہاں کے موسمی حالات ان کی کاشت کے لئے ہر گز موزوں نہیں کھجور کے موسم سے جو جتے، پریشان درختوں کی قطار دیکھ کر انسان کی عقل حیران رہ جاتی ہے۔ ملتان میں مرطوب علاقوں کے پام اور سائیکس پام (کنگھی پام) اور اسلام آباد میں کھجور۔ میٹھے اور نمکین پانی کے درمیان پنپنے والے مخصوص پودے جنہیں "مینگروز" کہا جاتا ہے سے کراچی کی سڑکوں کو بھر دیا گیا اور اب وہ بدنصیب پودے پورے سندھ، ملتان اور لاہور کی سڑکوں پر بھی نظر آرہے ہیں۔ اس غیر منطقی رویے کی کیا وجہ ہے؟ کیا صرف کم علمی اور نااہلی ہی اس کی بنیادی وجہ ہے کہ ہمارے سول سروس کے بابو پودوں کے بارے میں نہیں جانتے۔ تو کیا ایسی کوئی پابندی ہے کہ کسی ماہر سے پوچھا نہیں جا سکتا؟ کیا یہ نااہلی اور جہالت سے آگے کی کوئی کہانی ہے جو قابل دست اندازی نیب ہے؟ یہ وہ سب سوالات ہیں جو وطن سے پیار کرنے والوں کو بہت پریشان کرتے ہیں، کیا ان کا کوئی جواب ایسا بھی ہو سکتا ہے جو اس صورت حال کے ذمہ داروں کو پریشان کر سکے؟ اس پر بات ضرور کیجئے اور کوئی بھی حل آپ کو ملے تو ہم سے سانجھا کیجئے۔

***

انڈا پہلے تھا یا مرغی؟

انڈا پہلے تھا یا مرغی؟ یہ وہ بحث ہے جو ہمیشہ ہی ہمارے تخیل کے گھوڑے کو تیز تر دوڑنے پر مجبور کرتی ہے مگر کبھی منزل پر نہیں پہنچتی، ایسی ہی ایک بحث اور بھی ہے، جس کا تعلق کارخانہ قدرت کی ان چنیدہ تخلیقات میں سے ہے جو اپنے پورے وجود اور وضع قطع سے اپنے خالق کے عظیم اور حسین ہونے کی گواہی بھی دیتا ہے اور اپنے ہم وطنوں کے لئے قوت و بہادری کا استعارہ بھی ہے۔ قدرت کی جس حسین تخلیق سے آج ملاقات درکار ہے اس کا نام سنسکرت زبان کا ایک لفظ ہے جس کے معنی چمکدار، سفید، روشن یا روپہلی (چاندی جیسا) کے ہیں، لگ بھگ سو فٹ کے اونچے لمبے قد پر اپنی انوکھی بٹرس روٹس کے ساتھ زمین پر جس طرح جم کر کھڑا ہوتا ہے اسے استقامت اور بہادری کی علامت کے سوا اور کیا کہا جا سکتا ہے۔

ہزاروں برس پہلے ضبط تحریر میں لائی گئی ہندو دیومالا "مہابھارت" کا مرکزی کردار جو جرات اور بہادری کا استعارہ بھی ہے اور بدی پر نیکی کی فتح کا نشان بھی، اسے بھی اسی نام سے پکارا جاتا ہے، جی ہاں! ارجن، یہی نام ہے دونوں کا، دونوں ہی خوب ہیں اور قدیم بھی۔ اب سوال یہ ہے کہ دیومالائی کردار "ارجن" کے نام پر برصغیر پاک وہند کے اس عظیم شجر کا نام رکھا گیا ہے یا پھر اس شجر "ارجن" کی عظمتوں اور حسن سے متاثر ہو کر مہا بھارت کے خالق نے اپنی کہانی کے مرکزی کردار اور فاتح کا نام رکھا؟

اپنی انہیں نسبتوں اور معانی کے سبب ارجن پورے برصغیر میں ایک مقبول اور

محترم نام رہا ہے، سکھوں کے پانچوں گرو کا نام بھی گرو ارجن دیو ہے۔ ارجن کے پتے اس کی شاخوں کے آخری سرے سے پھوٹتے ہیں اور یہی اس کے نباتاتی نام کی بنیاد ہیں۔" ٹرمینالیا ارجونا" اس کا نباتاتی نام ہے اور اس کا تعلق اونچے لمبے، مضبوط لکڑی والے پھول دار درختوں کے خاندان "کومبر ٹا ایسی" کے ذیلی خاندان "ٹرمینالیا" سے ہے۔ ارجن کی عملداری پورے جنوب مشرقی ایشیا پر ہے۔ ہمالیہ کے دامن سے کنیا کماری تک اور برما سے لے کر سندھ کے وسیع ریگستانوں تک سب ہی جگہ پایا جاتا ہے۔ دریاؤں اور نہروں کے کناروں پر اور متروک آبی گذر گاہوں پر بھی ارجن سے ملاقات کی جاسکتی ہے۔ اس کا آبائی وطن بہت وسیع اور متنوع ہے، طرح طرح کی زبانیں، بولیاں، اور لباس، رنگ رنگ کے لوگ، رسم ورواج اور عقائد مگر ایک چیز مشترک ہے، ارجن سے ان سب ہی کی وابستگی اور لگاؤ، سب نے ہی اسے کوئی نام دے رکھا ہے، اردو، پنجابی، ہندی میں تو ارجن ہی ہے، بنگال میں ارجھن، آسام میں اورجن، تامل ناڈو میں مراٹو، سری لنکا کی سنہالی زبان میں کمبوک اور وسطی ہندوستان میں ارجونا کے علاوہ کاہا، کاہو اور کوہا بھی کہا جاتا ہے۔ انگلش بولنے والے ممالک میں اسے "وائٹ ماروداً" کے نام سے پکارا جاتا ہے۔

ٹرمینالیا خاندان کے کچھ اور ارکان بھی ہمارے ماحولیاتی نظام کا حصہ ہیں اور اپنی معاشی، ماحولیاتی اور ادویاتی خوبیوں کے باعث اپنا علیحدہ مقام رکھتے ہیں۔ ان میں بہت خاص تو "ہریڑ" کا درخت ہے جو نباتاتی لاطینی میں "ٹرمینالیا چی بولا" کہلاتا ہے۔ اس کا پھل ہریڑ بطور دوا تو استعمال ہوتا ہی ہے اس کا مربہ بہت صحت بخش اور کئی بیماریوں سے بچاؤ کا تیر بہدف نسخہ بھی سمجھا جاتا ہے۔ ارجن کا ہم شکل ہریڑ کا درخت اتنا ہی بلند و بالا اور اتنا ہی وجیہہ ہوتا ہے سوا اس کے کہ سدا بہار نہیں اور خزاں میں تمام پتے جھاڑ دیتا ہے، ایک اور فرق اس کا پھل ہے جو انسانی استعمال کے قابل ہوتا ہے اور ادویاتی اور

غذائی اہمیت کا حامل بھی۔

ہر طرح کی زمین، نمکیات والی شور زدہ اور تیزابی سب ہی میں اپنی جگہ بناتا ہے،اگر زرخیز زمین میسر آئے تو اس کی پھرتیاں دیکھنے والی ہوتی ہیں۔ کاشت بہت آسان ہے، اتنی آسان کہ شائد درخت لگانے کی خواہش ہی درکار ہوتی ہے۔ اسے بیج سے، داب لگا کر یا پھر جڑوں سے پھوٹنے والے ننھے پودوں کو علیحدہ کر کے بھی اسے لگایا جا سکتا ہے۔ ارجن کے بیج سخت ہوتے ہیں اور پھوٹنے میں پچاس سے پچھتر دن تک لے لیتے ہیں۔ بیجوں سے اس کی کاشت میں کامیابی کا تناسب پچاس سے ساٹھ فیصد تک ہوتا ہے جو بہت حوصلہ افزا شمار ہوتا ہے۔ ابتدا میں اس کی بڑھوتری کی رفتار کم ہوتی ہے جیسے کچھ احتیاط سے کام لے رہا ہو لیکن ذرا سے پاؤں جمتے ہی اس کی بڑھت میں تیزی آجاتی ہے اور دیکھتے ہی دیکھتے صرف تین سال کے قلیل عرصے میں دس سے بارا فٹ کا ہو جاتا ہے۔ اور پھر بڑھتا ہی چلا جاتا ہے۔ اور یوں اس کی آسمان چھو لینے کی خواہش سب پر آشکار ہو جاتی ہے۔ آزاد فضاؤں میں بلندی پر پرواز کرنے والے پرندے ہی اس پر آشیانہ بناتے ہیں۔

اپنے لمبے قد کے ساتھ ارجن بجا طور پر سنبل کا ہمسر ہے، سنبل کی شاخیں زمین کے متوازی پھیلتی ہیں جبکہ ارجن کی شاخیں اوپر سے نیچے کی جانب جھولتی ہوئی نظر آتی ہیں جو اس کے تاثر کو عاجز اور مہربان بناتی ہیں۔ پتے بیضوی لمبے اور ساخت میں دبیز اور گدرے ہوتے ہیں، دو سے پانچ انچ کے لمبوترے پتے بہت ہی خوشگوار سبز رنگ کے ہوتے ہیں، ابتدا میں کچھ سرخی مائل ہونے کے ساتھ نرم بھی ہوتے ہیں۔ سبز رنگ گہرا ہوتے ہوئے سوکھنے سے پہلے شوخ سرخ ہو جاتا ہے اور گرنے سے پہلے زرد، اس طرح رنگوں کا ایک عجب مظاہرہ باغوں میں ارجن کے دم سے جاری رہتا ہے۔ یہ پتے دو دو کی جوڑیوں میں شاخوں کے سرے پر نمودار ہوتے ہیں اور اپریل سے جولائی کے درمیان

آخری سرے پر ڈیڑھ سے دو انچ کی ننھی ننھی ڈنڈیاں ظاہر ہوتی ہیں جنہیں اصطلاحاً "کیٹ کن" کہتے ہیں، جن پر گول گول کلیاں نکلتی ہیں جو کچھ ہی دنوں میں ہلکے پیلے رنگ کے پھولوں میں بدل جاتی ہیں۔ سبھی پھول پھل میں تبدیل نہیں ہوتے پھر بھی ارجن کے پھل گچھوں کی صورت شاخوں کے آخری سروں پر جھولتے نظر آتے ہیں۔ ایک سے ڈیڑھ انچ کے کاٹھے پھل سخت، ریشے دار اور بیضوی ہوتے ہیں۔ ان پر آدھے انچ تک ابھری ہوئی پانچ دھاریاں ہوتی ہیں جو اس کی مخصوص شکل بناتیں ہیں۔ ارجن کے پھل طوطے بہت شوق سے کترتے ہیں اور اسی میں اپنی گپھائیں بھی بناتے ہیں۔

ارجن اشجار کی درجہ بندی میں تجارتی اہمیت کی لکڑی والے اور تیز و تند ہواؤں، طوفانوں کا زور توڑنے والے درختوں کی فہرست میں شمار کیا جاتا ہے۔ لکڑی کی پائیداری اور مضبوطی کا ایک معیار اس کے ایک کیوبک میٹر کے ٹکڑے کا وزن بھی ہے جسے وڈ ڈینسٹی بھی کہا جاتا ہے، ارجن اس میدان کا بھی مرد ہے اور بڑے بڑے اس کے آگے پانی بھرتے دکھائی دیتے ہیں۔ ارجن اپنے آٹھ سو ستر کلو گرام وزن کے ساتھ شیشم (سات سو ستر)، کیکر (آٹھ سو ترپن) اور روز وڈ (آٹھ سو پچاس) اور بہت سے دوسرے درختوں سے آگے ہے۔ ارجن کی لکڑی اپنے استعمال کے وسیع امکانات کی بنا پر عمارتی، صنعتی اور گھریلو استعمال کے فرنیچر وغیرہ سب کے لئے ہی پسندیدہ شمار ہوتی ہے۔ نمی برداشت کرنے کی صلاحیت اسے چھوٹی بڑی کشتیاں بنانے کے لئے بھی موزوں بناتی ہے، بندرگاہوں کے پشتے اور جیٹیاں، بجلی کے کھمبے اور مختلف قسم کے پول بھی ارجن کی لکڑی سے بنائے جاتے ہیں۔

ریشم ایک ہر دلعزیز ریشہ ہے اور اس سے بنے ملبوسات ہر دور میں ہی بہت مقبول رہے ہیں اور اچھی قیمت پاتے ہیں۔ جس ریشے کو ریشم کہا جاتا ہے وہ توت کے پتوں پر پلنے

والے کیڑے "بوم بکس موری" کا بنایا ہوا ہوتا ہے اور عرف عام میں ملبری سلک بھی کہلاتا ہے۔ یہ حقیقت شائد کم لوگوں کو معلوم ہو کہ ریشم کی تین اور بھی اقسام ہوتی ہیں جو مختلف پودوں اور درختوں کے پتوں پر پلنے والے کیڑے ہی بناتے ہیں۔ یہ اقسام "اری سلک"، "ٹسر سلک" اور "موگا سلک" کہلاتی ہیں۔ اری سلک ایک جنگلی پودے جسے ہم پنجاب میں ارنڈی کے نام سے جانتے ہیں اور اس کا نباتاتی نام "ریسی نس کومونس" ہے کے پتوں پر پلنے والے کیڑے "فیلوسامیا۔ ریسی نی" کی محنت کا ثمر ہوتا ہے۔ رنگ میں پکی ہوئی اینٹ جیسا سرخ ہوتا ہے اور بہت ہی زیادہ قیمت پر فروخت ہوتا ہے۔

موگا سلک بہت ہی چمکدار سنہرے رنگ کے باعث مشہور ہے اور دریائے برہم پترا کی وادی یعنی بھارتی ریاست آسام میں پائے جانے والے کچھ اشجار پر پلنے والے کیڑوں کی کارگزاری ہے۔ ریشم کی تیسری قسم ٹسر سلک کہلاتی ہے اور یہ ایک کیڑے انتھیریا کی تین اقسام کی پیشکش ہے جو اوک، ارجن اور کچھ دوسرے درختوں کے پتے کھا کر جیتے اور ریشم بناتے ہیں۔ ارجن کے پتوں پر پلنے والے کیڑے "انتھیریامائی لٹ" کے بنائے ٹسر سلک کی پیداوار محدود ہونے اور ریشے کی عمدگی کے باعث بہت ہی کم لوگوں کو ہی میسر آتا ہے۔ ریشم کی پیداوار میں بھارت چین کے بعد دنیا میں دوسرا بڑا ملک ہے لیکن ٹسر سلک کی تجارت پر بھارت کی مکمل اجارہ داری ہے۔

اب کچھ ذکر ارجن کی ایسی دریادلی کا ہو جائے جو معدودے چند ہی اشجار کا نصیب ہے۔ اپنے وجود کے ہر ہر حصے سے اپنے کاشت کاروں کو فیض یاب کرنا اور کرتے ہی چلے جانا ارجن کا ہی حصہ ہے۔ ارجن کی لکڑی، اس کے پتے اور اس کا پھل تو کارآمد ہوتے ہی ہیں اس کی چھال اپنی ادویاتی خوبیوں کے باعث سب کو ہی پیچھے چھوڑ دیتی ہے۔

ارجن برصغیر کی نباتاتی حیات کا اہم رکن ہے، صنعتی اور ادویاتی اہمیت کے ایک

بہت اہم جز "ٹے نن" کے حصول کا بڑا قدرتی ذریعہ ہے۔ٹے نن پودوں میں پائے جانے والے ایسے اجزا کو کہا جاتا ہے جو پروٹین کو سکیڑنے یا ٹھوس بنانے کی صلاحیت رکھتے ہوں بطور اصطلاح ٹے نن ایسے کیمیائی عمل کو کہا جاتا ہے جو پروٹین اور دوسرے مالیکیول کے ساتھ مل کر دیرپا اور مستقل مرکبات بنا سکے، اس کی ایک مثال جانوروں کی کھالوں کو ٹے نن کے عمل سے گلنے سڑنے بچانا اور چمڑے میں تبدیل کرنا بھی ہے۔ٹے نن کے ذائقے کو ترش بتایا جاتا ہے اور اس کے استعمال سے منہ میں کھچاؤ اور خشکی محسوس ہوتی ہے جیسے کہ کچے امرود یا پرسیموم (جسے عرف عام میں جاپانی پھل بھی کہا جاتا ہے) یا پھر انار کھانے سے محسوس ہوتا ہے۔ اس کے علاوہ سٹرابری، سیب، انگور، سنگترے کے جوس اور چائے میں بھی ٹے نن کی بڑی مقدار پائی جاتی ہے جو انسانی استعمال کے لئے موزوں خیال کی جاتی ہے۔

ارجن کے ہر حصے میں ٹے ننز کی بڑی مقدار پائی جاتی ہے۔ارجن کے پتوں میں یہ گیارہ فیصد تک، پھل کی مختلف حالتوں میں سات سے بیس فیصد تک اور چھال میں یہ بڑھ کر چوبیس فیصد تک ہو جاتی ہے۔ ایک بڑے درخت سے ہر تین سال میں ایک بار، درخت کو زخمی کئے بغیر پینتالیس کلو گرام تک چھال حاصل کی جا سکتی ہے۔

جانوروں کی کھالوں کو محفوظ رکھنے اور چمڑے میں بدلنے اور بطور دوا اس کا استعمال بر صغیر کے لوگ صدیوں سے کرتے آئے ہیں، زمانہ قدیم سے ہی یونانی اور ہندوستانی طب میں اس کے استعمال کے شواہد موجود ہیں اور اب جدید سائنسی تحقیق نے بھی اس پر مہر تصدیق ثبت کر دی ہے اور مغربی ادویہ کی فہرست بھی اس کے بغیر نامکمل سمجھی جاتی ہے۔

ارجن سے حاصل کردہ اجزا کو دل کے امراض، بلند فشار خون، انجائینا، ہائی

کولیسٹرول، معدے کے السر، دمہ اور بہت سی دوسری تکالیف میں بطور دوا تجویز کیا جاتا ہے۔ اس کی چھال سے بننے والے قہوے کو قدرتی طور پر دل کے لئے فرحت بخش مانا جاتا ہے۔ جدید تحقیق سے یہ بھی معلوم ہوا کہ ارجن سے حاصل کردہ اجزا نمایاں طور پر دل کے نازک پٹھوں کے لئے باعث تقویت ہوتے ہیں، خوں کی نالیوں کو مضبوط بناتے ہیں اور خون میں موجود چکنائی کے انہضامی نظام کی اصلاح کرتے ہیں اور اسے فعال بناتے ہیں۔ ارجن کی چھال کے قہوے کی سفارش خون کی نالیوں کو سخت ہونے سے بچاؤ کے لئے اور سخت ہو جانے کی صورت میں بطور علاج بھی کی جاتی ہے۔

ارجن کے قہوے کی انٹائی آکسیڈینٹ صلاحیت کو بہت موثر پایا گیا ہے اور وہی اس کے بطور دوا انتخاب کی ذمہ دار ہے۔ انٹائی اوکسیڈینٹ ایسے اجزا کو کہتے ہیں جو دوسرے اجزا کو اوکسیجن سے مل کر ایسی ٹھوس شکل اختیار کرنے سے روکیں یا ان کی ایسا کرنے کی رفتار کو کم کریں جو انسانی صحت کے لئے مضر ہوں، مثال کے طور پر چکنائی کا خون کی نالیوں میں جم جانا وغیرہ، اس طرح ارجن کی چھال سے بنے قہوے کا استعمال چکنائی اور پروٹین کو رگوں میں جمنے نہیں دیتا اور یوں خون کے رگوں میں دوڑتے پھرنے کی راہ ہموار کرتا ہے۔ وٹامن اے، سی اور ای میں بھی انٹائی اوکسڈینٹ صلاحیت ہوتی ہے۔ ارجن کے اجزا کا بیرونی استعمال سوجن اور بہت سے دوسرے جلدی امراض اور خصوصاً ایکنی میں بھی تجویز کیا جاتا ہے۔

ہمارے سماجی اور معاشرتی رویے بہت حد تک ماحول دوست نہیں ہیں، ہم اپنے اردگرد پائے جانے والے موجودات اور حیات کی دیگر اشکال جن کا ہماری زندگی سے بہت گہرا تعلق ہوتا ہے کو نہ پوری طرح سمجھتے ہیں اور نہ ہی انہیں وہ اہمیت دیتے ہیں جس کے وہ حق دار ہوتے ہیں۔ ہمارے ان رویوں کے اثرات بہت برے اور دوررس ہوتے

ہیں۔ ہمارے شہروں کے انتہائی تیز رفتاری سے، بے محابانہ اور بغیر کسی نظم و ضبط کے بڑھنے کے عمل نے ماحول کے قدرتی توازن کو بگاڑ دیا ہے۔ درجہ حرارت کا بلند ہو جانا، موسموں کی تبدیلی اور تیزی سے بڑھتی ہوئی فضائی آلودگی بھی انہی رویوں کی دین ہے۔ بڑے شہروں کے انہی مسائل سے نمٹنے کے لئے کی جانے والی ایک تحقیق کے مطابق ہمارا ارجن ان چند درختوں میں شامل ہے جو فضا سے گرد کے ذرات، موٹر گاڑیوں کے دھوئیں اور اس میں موجود بھاری دھاتوں کے ذرات اور دیگر کثافتوں کو بہت سے دوسرے درختوں کی نسبت بہت بہتر انداز میں صاف کرنے صلاحیت رکھتا ہے۔ اس کا بلند قد کاٹھ اور شاخوں کا پھیلا ہوا جال درجہ حرارت کو کم کرنے اور موسموں کی شدت بھی کم کرنے کا باعث ہوتا ہے۔

ارجن اپنے مفید خواص کے باعث ہی عوام الناس کی محبت اور توجہ کا حقدار ہے۔ اسے اس کی ظاہری خوبصورتی کی بنا پر ہی باغات اور شاہراہوں کے اطراف لگایا جاتا ہے۔ باغات کی آرائش کرنے کے لئے اور عوامی مقامات کو پر آسائش بنانے کے لئے ارجن ایک بہترین انتخاب ہے۔ اس کی بلندی کسی بھی باغ کے وسیع ہونے کا تاثر بھی ابھارتی ہے مگر پچھلی کئی دہائیوں سے اسے مکمل نظر انداز کیا جا رہا ہے۔

ارجن لاہور کے نباتاتی ورثے کا اہم حصہ ہے اور یہ کہا جائے تو بے جا نہ ہو گا کہ ارجن لاہور کے کا چہرا ہے اور اس کے خدوخال میں شامل ہے۔ مغل اور سکھ ادوار کے بعد لاہور کے آباد ہونے والے سبھی علاقوں میں ارجن کے پرانے مگر مضبوط اور قد آور درخت آج بھی اپنے ہم عصر پیپل، بوڑھ، سنبل، شریںھ اور کچنار سے قدم ملائے، سر اٹھائے کھڑے ہیں۔ مال روڈ، میو گارڈنز، جی او آر ون، لاہور کینٹ میں طفیل روڈ، سرفراز رفیقی روڈ، فیروز پور روڈ کے کچھ حصوں کے علاوہ ماڈل ٹاؤن وغیرہ میں ارجن کے عمدہ

درخت دیکھے جاسکتے ہیں۔

ارجن قدرت کا ایک بیش بہا تحفہ ہے۔ لاہور پاکستان کے ان گنے چنے شہروں میں شامل ہے جہاں آج بھی پرندے چہچہاتے ہیں اور اس کے لئے ہمیں لاہور کی پرانی شجر کاری کا ہی احسان مند ہو چاہیے، جو درخت آج سے سوڈیڑھ سو برس پہلے لگائے گئے تھے وہ مقامی اور ہمارے ماحولیاتی نظام کا حصہ تھے، وہ ان پرندوں کے لئے ایک تو اجنبی نہ تھے اور دوسرے ان پر ان کی پیٹ پوجا کا بھی انتظام تھا اور پھر بسیرا کرنے کے لئے ان پر صدیوں کا اعتماد بھی۔ پودے اور درخت جتنی اہمیت انسانوں کے لئے رکھتے ہیں اس سے کہیں زیادہ پرندوں اور جانوروں کے لئے۔ انسان اشیا کے متبادل ڈھونڈ لیتا ہے لیکن چرند پرند ایسی صورت حال میں یا تو نقل مکانی کر جاتے ہیں یا پھر اپنا وجود برقرار نہیں رکھ سکتے۔

ہمارے بے مہار شہروں میں روز بروز بڑھتی ہوئی فضائی آلودگی کو روکنے اور اس میں قابل ذکر کمی کرنے کے لئے اگر ارجن کو ساجھے دار بنایا جائے تو کامیابی کے امکانات اس عجوبہ روزگار کے نام کی طرح بہت روشن نظر آتے ہیں۔

***

کولمبس نے کیا ڈھونڈا

یہ واقعہ ۱۲ اکتوبر ۱۴۹۲ کا ہے، انہیں بندر گاہ چھوڑے اور سمندر کی تیز و تند لہروں سے نبرد آزما ہوتے ۵ ہفتے بیت چکے تھے۔ دوپہر ڈھل رہی تھی، کوئی دو بجے کا وقت ہوگا جب ملاح روڈریگو زور سے چلایا، اس نے زمین دیکھ لی تھی، وہ زمین جو اپنے آپ میں ایک دنیا تھی، ایک نئی دنیا۔

کولمبس نے اس جزیرے کو سان سلواڈور کا نام دیا، یہ کولمبس کے خوابوں کی تعبیر تھی اور ابتدا تھی اس کھوج کی جو آنے والی کئی صدیوں تک جاری رہنے والی تھی۔ کولمبس سپین سے انڈیا کی تلاش میں نکلا اور ایک نئی دنیا میں جا پہنچا۔ ایک نئی دنیا جو آزاد تھی، پر امن تھی اور قدرتی وسائل سے مالا مال بھی تھی۔ امریکہ کی جانب کولمبس نے اپنا آخری سفر ۱۵۰۲ میں کیا مگر آنے والی کئی صدیوں تک پوری دنیا سے آباد کار، تاجر، سونے اور ہیروں کے متلاشی اور مہم جو اس پراسرار زمین کا رخ کرتے رہے۔ جہاں اس سرزمین پر قبضے، قتل و غارت اور لوٹ مار کا سلسلہ جاری تھا وہیں قدرتی سائنسز کے ماہرین اور محققین کا ایک گروہ بھی تھا جو اس برعظیم کی خاک چھان رہا تھا اور دنیا کو نت نئے پودوں، درختوں اور پھولوں سے آشنا کر رہا تھا۔ کولمبس نے جس نئی دنیا کا راستہ دیکھایا اسے دراصل سائنسدانوں نے دریافت کیا۔ انہیں میں سے ایک قد آور شخصیت فرانس کے جناب چارلس پلومیر کی بھی تھی۔

ستارویں صدی کے اواخر میں انہوں نے امریکہ کے تین سفر کئے جو نباتات کی دنیا

میں گراں بہا اضافے کا باعث بنے، بے شمار پودے اکھٹے کئے اور ان کی نباتاتی تفصیلات پر جامع تحقیق کی۔ کئی کتب تحریر کیں۔ نو دریافت شدہ پودوں کی درجہ بندی کی اور بڑھتے ہوئے نئے علم کی روشنی میں نباتاتی خاندانوں اور ان کے ذیلی خاندانوں کو نئے سرے سے ترتیب دیا جسے آج بھی درست تسلیم کیا جاتا ہے۔ ان کے بعد آنے والے سبھی ماہرین نباتات نے ان کا نام بہت احترام سے لیا اور ان کے بیش بہا کام کی ستائش کی۔ ان کی انہیں خدمات کے اعتراف میں نباتات کے مشہور خاندان "اپوسائین ایسی" کے ایک ذیلی خاندان کو ان سے معنون کیا گیا جو اب "پلومیریا" کہلاتا ہے۔ یہ ایک مختصر سا خاندان ہے جس کے ارکان کی تعداد آٹھ سے دس ہے۔ یہ تعداد میں تو کم ہیں مگر ان میں سے ہر ایک اپنے ظاہری حسن و جمال اور اپنی بہت ہی منفرد اور اچھوتی خوشبو کے باعث کئی ایک پر بھاری ہے۔

ماہرین نے اس کا وطن جنوبی اور وسطی امریکہ اور بطور خاص میکسیکو کو قرار دیا ہے جبکہ کچھ ماہرین اس کے آبائی وطن میں جنوبی ہندوستان کو بھی شامل کرتے ہیں۔ اس کے آبائی وطن کی اسی وسعت نے اس کے کئی ناموں کو جنم دیا۔ مغرب میں تو اس کے نباتاتی نام یعنی پلومیریا کو ہی قبولیت کی سند حاصل ہے لیکن ایک اور نسبت سے اسے ایک فرانسیسی معزز خاندان کے نام "فرنگی پانی" کے نام سے بھی پکارا جاتا ہے۔ یہ وہ خاندان ہے جس نے اس کی مسحور کن خوشبو کو عطر کی صورت میں پوری دنیا میں متعارف کرایا۔ انگریزوں نے اسے ہندوستان کے مندروں میں دیکھا تو انڈین ٹمپل ٹری کہا، دل و دماغ کو اپنی گرفت میں لے لینے والی اس کی نازک خوشبو شام کو اور بھی گہری ہو جاتی ہے تو برازیل کے لوگوں نے اسے لیڈی آف دی نائٹ کہا۔ برصغیر کے طول و عرض میں اور مشرق بعید میں اسے چمپا کہا جاتا ہے۔ اردو اور فارسی میں یہ گل چیں کہلاتا ہے۔ سری لنکا

کی قدیم زبان سنہالی میں اسے ارالیا اور پانساما ل یعنی مندر کا پھول کہا جاتا ہے۔ اس بحث سے قطع نظر کہ بر صغیر اس کا آبائی وطن ہے یا یہ بعد میں یہاں کاشت ہوا، ہندو اور بدھ مت کی کئی مذہبی رسومات اس کی شمولیت کے بنا ادھوری رہتی ہیں۔

چمپا، گل چین یا پلومیریا ایک چھوٹے قد کاٹھ کا درخت ہے اور پھولدار درختوں اور جھاڑیوں والے بڑے قبیلے سے تعلق رکھتا ہے۔ اس وسیع خاندان کے کچھ اور ارکان بھی ہمارے ماحولیات نظام کا حصہ ہیں اور کچھ صدیوں سے کاشت ہونے کے باعث اب اپنے ہی سمجھے جاتے ہیں۔ ان میں قابل ذکر نام الستونیا، کنیر اور پیلی کنیر وغیرہ ہیں۔ بر صغیر پاک و ہند میں اس کی دو اقسام زیادہ کاشت ہوتی ہیں دونوں اپنی ظاہری وضع قطع، خوشبو اور قد بت کے اعتبار سے کچھ کچھ مختلف بھی ہیں اور مماثلت بھی رکھتی ہیں۔ ایک کے پتے لمبے مگر نوک دار ہوتے ہیں جبکہ دوسرے کے لمبے اور گول سرے والے، ایک کی خوشبو دھیمی اور دور دور رہنے والی جبکہ دوسرے کی آگے بڑھ کر لپٹ جانے والی۔ ان ظاہری اختلافات کے باوجود ان کی نباتاتی تفصیلات اور بڑھوتری کی عادات ایک سی ہوتی ہیں۔ تفصیلی تذکرے کے لئے ہم نے گول پتے والی زیادہ مقبول قسم کا انتخاب کیا ہے۔

جنوبی ہندوستان اور اس کے دوسرے آبائی علاقوں میں چمپا چالیس فٹ تک بلند ہو سکتا ہے لیکن ہماری آب و ہوا میں یہ بیس فٹ سے شاذ و نادر ہی اوپر جاتا ہے۔ پتوں کی چھتری دس سے پندرہ فٹ چاروں اطراف پھیلی ہوئی اور گول ہوتی ہے، اپنی مخصوص وضع قطع کے باعث دور ہی سے پہچانا جاتا ہے۔ پتے چوڑے ہوتے ہیں، اس شکل و صورت کو نباتاتی زبان میں " اوبوویٹ" کہا جاتا ہے یعنی نیچے سے تنگ اور آگے سے چوڑے اور گول۔ شاعر انہیں محبوب کی یاد میں بہائے جانے والے آنسوؤں سے تشبیہ دیتے ہیں۔ چمپا کو اپنے اشعار میں بطور استعارہ جگہ دینے والے شعرا کی فہرست طویل ہے

اور اس میں بر صغیر کے عظیم شاعر جناب رابندر ناتھ ٹیگور کا نام بھی شامل ہے۔ انہوں نے بھی اس مہکتے حسن کو اپنے جذبات کے اظہار کے لئے چنا۔

گہرے سبز پتے جنہیں ہم کاہی بھی کہہ سکتے ہیں اوپر سے چکنے اور ملائم ہوتے ہیں نچلی سطح قدرے ہلکے رنگ کی اور کھردری ہوتی ہے، رگیں پیلی، واضح اور ابھری ہوئی جنہیں نچلی سطح پر محسوس کیا جا سکتا ہے خصوصاً مرکزی رگ کو۔ چکنی اوپری سطح نہ صرف نمی کو بر قرار رکھنے اور موسموں کا مقابلہ کرنے میں مدد دیتی ہے بلکہ فضا میں موجود گرد اور موٹر گاڑیوں کے دھوئیں میں پائے جانے والے بھاری دھاتی اجزا کو صاف کرنے میں بھی معاون ہوتی ہے۔ اس طرح یہ بھی ان اشجار اور پودوں میں شمار کیا جاتا ہے جو بہت سے دوسرے درختوں کی نسبت یہ کام زیادہ جانفشانی سے کرتے ہیں اور شاہرات کے اطراف لگائے جانے کے لئے موزوں خیال کئے جاتے ہیں۔

آٹھ سے دس انچ کے یہ دبیز گہرے سبز پتے، ایک سے ڈیڑھ انچ موٹی، پھولی پھولی شاخوں کے سروں پر اکھٹے، گچھوں کی صورت نکلتے ہیں اور پھر ان کے درمیان سے پھولوں کی ڈالی نمودار ہوتی ہے۔ گہرے سبز جسے ہم مونگیا سبز بھی کہہ سکتے ہیں کے بہت سے پتوں کے جھرمٹ سے گلابی رنگ کی مخروطی کلیوں کا نکلنا ایک دلفریب منظر ہوتا ہے۔ جلد ہی یہ کلیاں بہت ہی پاک و پاکیزہ سفید پھولوں میں تبدیل ہو کر منظر کو اور بھی دلفریب بنا دیتیں ہیں۔ پھولوں کی نچلی سطح پر سفید اور گلابی دھاریاں ہوتی ہیں اور یہ نچلی طرف سے بھی دلکش دیکھائی دیتا ہے۔ پھول کے درمیانی حصے پر ہلکا پیلا رنگ سفید کو اور بھی نمایاں کرتا ہے اور اس کے مجموعی تاثر کو بڑھاتا ہے۔

چمپا کی خوشبو دھیمی، دلفریب اور دور تک پھیلنے والی ہوتی ہے۔ اس سے قطع نظر کے آپ کون ہیں، کیا ہیں، خوش ہیں یا اداس، آگے بڑھ کر اپنی گرفت میں لے لیتی ہے

اور گرفتار بلا سب کچھ بھول کر بس اسی میں کھو جاتا ہے۔ شام کو اندھیرے ساتھ ساتھ گہری ہوتی جاتی ہے اور دور سے ہی معلوم ہو جاتا ہے کہ چمپا یہیں کہیں ہے۔ گہرے سبز پتوں کے درمیان اس کے سفید پھول اندھیرے میں اور بھی چمکتے ہیں اور اس کا نظارہ طلسماتی سا ہو جاتا ہے۔ شاید اسی طلسم نے برازیل کے لوگوں کو اسے لیڈی آف دی نائٹ کہنے پر اکسایا، اور اٹلی کا فرنگی پانی خاندان تو اس کے عطر سے ایسا مہکا کہ اب خود چمپا یورپ میں فرنگی پانی کہلاتی ہے۔

چمپا کے پھول رس دار نہیں ہوتے مگر رس کے متلاشی کیڑے بھی اس کی خوشبو پر کھچے چلے آتے ہیں اور رس کی تلاش میں ایک پھول سے دوسرے پھول تک سرگرداں رہتے ہیں اور یوں پولی نیشن کا اہم کام جو چمپا کی اپنی نباتاتی بڑھوتری کے لئے بھی لازمی ہوتا ہے سر انجام پاتا ہے۔ چمپا کی شاخیں ایک سے ڈیڑھ اِنچ موٹی ہوتی ہیں اور ایک سے ڈیڑھ فٹ پر تقسیم ہو جاتیں ہیں۔ چمپا کا درخت اس وقت بھی قابل دید ہوتا ہے جب سردیوں میں اس کے تمام پتے جھڑ جاتے ہیں اور موٹی موٹی شاخیں ایک دوسرے کے آگے پیچھے سے راستہ بناتی، تقسیم ہوتی ہوئی آگے کی جانب بڑھتی ہیں۔ سارا درخت شاخوں کا ایک جال سا نظر آتا ہے۔

شاخوں اور تنے کا رنگ ایسا سلیٹی رنگ ہوتا ہے جس میں سبز کی بھی آمیزش ہو، کچھ کچھ میلا سا اور چکنا، اسی لئے دور سے چمکتا بھی دکھائی دیتا ہے۔ چھال بالکل ہموار نہیں ہوتی اور کیکر، شیشم کی طرح بہت کٹی پھٹی بھی نہیں بس ہلکی ہلکی سے بے ترتیب لکیریں اس کے ہموار ہونے کی نفی کرتی ہیں۔ ایک بھر پور پودے کا تنا آٹھ سے دس انچ تک موٹا ہوتا ہے، لکڑی لچکدار تو ہوتی ہے مگر بہت مضبوط نہیں ہوتی پھر بھی طوفانوں کے آگے ڈٹا رہتا ہے۔ اگر درختوں کے درمیان کاشت کیا جائے تو نقصان کا اندیشہ کم رہتا ہے۔

دنیا بھر کے لوگوں کی اس سے اتنی محبت نے بھی وہی کچھ کیا جو عموماً محبت میں ہوتا ہے یعنی کئی گارڈن کلٹیورز کا جنم، اس عمل میں تمام نباتاتی تفصیلات تو وہی رہتی ہیں مگر پھولوں کے رنگ، سائز وغیرہ میں حسب منشا تبدیلی کی جاتی ہے تو اب نرسریوں پر اس کے نئے رنگ دستیاب ہیں، کئی طرح کے سرخ، گلابی، دھاری دار اور چھوٹے بڑے پھول۔

چمپا کی کاشت بھی کوئی مشکل کام نہیں اسے بیج سے بھی اور قلم لگا کر بھی اگایا جا سکتا ہے۔ دوسرا طریقہ آسان بھی ہے اور وقت بھی بچاتا ہے۔ چمپا کی ڈیڑھ فٹ لمبی صحت مند شاخ اس کام کے لئے مناسب خیال کی جاتی ہے۔ اسے کچھ دنوں کے لئے سوکھنے کو چھوڑ دیا جائے تاکہ اس کا زخمی سرا جس سے دودھیا سی رطوبت نکلتی ہے خشک ہو جائے۔ پھر نرم مٹی یا بھل میں پتوں کی گلی سڑی کھاد ملا کر آٹھ سے دس انچ کے مومی لفافے یا گملے میں اس طرح لگایا جائے کہ قلم کا چار سے پانچ انچ حصہ مٹی میں ہو۔ بہت جلد چمپا کے پتے حسب عادت شاخ کے اوپری حصے سے نمودار ہوں گے۔ اس عمل میں پندرہ سے بیس دن بھی لگ سکتے ہیں۔ چمپا کی کاشت چاہے قلم لگا کر ہو یا پھر بیج سے، مناسب وقت موسم بہار یا گرمیوں کی شروعات (فروری سے مئی) ہی ہوتا ہے، ایک بات کا خیال رکھنا ضروری ہے کہ مومی لفافے یا گملے میں پانی کے نکاس کا مناسب بندوبست ہونا چاہیے۔ جب تک مٹی خشک نہ ہو جائے مزید پانی نہیں دینا چاہیے، پودے کو ایسی جگہ رکھیں جہاں پوری دھوپ پڑتی ہو۔ قلم لگاتے وقت اگر زخمی حصے پر روٹنگ پاؤڈر لگا لیا جائے تو پودا کیڑوں اور بیماریوں سے محفوظ رہتا ہے۔ یہ پاؤڈر نہ صرف حشرات الارض اور پھپھوندی سے بچاتا ہے بلکہ جڑیں بننے کے عمل کو تیز کرتا ہے اور قلم کی کامیابی کے امکانات بڑھ جاتے ہیں۔ جب مومی لفافہ یا گملہ جڑوں سے بڑھ جائے تو اسے زمین میں

جہاں لگانا ہو منتقل کیا جا سکتا ہے۔

چمپا یا پلومیریا کو عموماً اس کے ظاہری حسن اور خوشبو کے لئے کاشت کیا جاتا ہے۔ سڑکوں کے اطراف اور باغات میں اس کی موجودگی ایک نظر نے آنے والی کشش اور آسودگی کا باعث ہوتی ہے۔ چمپا کی افادیت ایسے رہائشی علاقوں جن میں کھلے گندے نالے ہوں اور ایسے صنعتی علاقے جہاں فضائی آلودگی میں ناگوار بو کا عنصر نمایاں ہو بہت بڑھ جاتی ہے۔ بے محابانہ بڑھتے ہوئے شہروں کا سب سے بڑا مسلہ کئی طرح کی فضائی آلودگی قرار دیا جاتا ہے۔ موٹر گاڑیوں کا دھواں، صنعتوں اور کارخانوں کا مہلک گیسوں کا اخراج اور شہروں کی سبز چھتری کا کم یا کئی صورتوں میں ختم ہو جانا اس کی وجہ بتایا جاتا ہے۔ انہیں مسائل سے نمٹنے کے لئے ہندوستان میں ہوئی ایک تحقیق کے مطابق ہمارے کئی اور مقامی درختوں اور پودوں ساتھ چمپا بھی فضا سے گرد، موٹر گاڑیوں کے دھوئیں اور کئی طرح کی صنعتی آلودگی کو صاف کرنے کی نمایاں اور بھرپور صلاحیت رکھتا ہے۔

اس کے بطور دوا استعمال کی بہت قدیم روایت نہیں ملتی۔ اس سے کن کن بیماریوں کا علاج کیا جاتا رہا ہے اور امریکہ کے قدیم باشندوں کی کون کون سی ادویاتی ضروریات چمپا سے پوری ہوتی تھیں یہ بتانے کے لئے وہ اب موجود نہیں، اس کی کاشت کے دوسرے علاقوں یعنی انڈیا، انڈونیشیا اور ملائیشیا وغیرہ میں اس کے ادویاتی استعمال کا پتہ چلتا ہے۔ اس کے پتوں، چھال اور شاخوں اور پتوں کو توڑنے سے نکلنے والی رطوبت کو ادویہ میں استعمال کیا جاتا ہے۔ اس کے پتوں اور چھال کو ایک خاص طریقہ کار سے جسے ڈی کوک شن کہا جاتا ہے قبض اور پیٹ کے متعدد امراض اور پھٹی ایڑیوں اور کچھ اور جلدی امراض کے علاوہ جنسی تعلق سے پھیلنے والے امراض جن میں گنوریا بھی شامل ہے کے علاج کے لئے تجویز کیا جاتا ہے۔ انڈیا کے کچھ علاقوں میں چمپا کے پھول پان کے ساتھ بخار اور ملیریا وغیرہ کے

علاج کے لئے بھی استعمال کئے جاتے ہیں۔

آج کل اس کے بطور دوا استعمال اور اس سے حاصل ہونے والے کیمیائی اجزا پر تحقیقی کام ہو رہا ہے مگر وہ ایم فل اور پی ایچ ڈی کے مقالات سے زیادہ نہیں۔ حالیہ برسوں میں پاکستان (کراچی یونیورسٹی)، انڈیا، جاپان اور ملائیشیا میں ہونے والی تحقیق کے مطابق اس کی چھال، پتوں اور جڑوں سے حاصل ہونے والے کیمیائی اجزا بطور انٹی ٹیومر اور انٹی بیکٹیریل استعمال کئے جا سکتے ہیں۔ اس ضمن میں بہت زیادہ تحقیق کی ضرورت ہے تاکہ ڈھونڈے گئے ان اجزا کو ادویہ میں تبدیل کیا جا سکے، کیا خبر ہم بنی نوع انساں کو کسی خطرناک مرض سے نجات دلانے میں کامیاب ہو جائیں۔

٭ ٭ ٭

جو رنگ دے

بہت پرانی بات ہے، غالباً ۸۰۰ء سے ۱۰۶۶ء کے درمیانی عرصے کا ذکر ہے۔ یہ عرصہ یورپ کی قدیم تاریخ میں "وائی کنگ" دور کہلاتا ہے۔ یہ وہ زمانہ تھا جب یورپ بھر میں چھوٹا بڑا کوئی بھی قلعہ وائی کنگ جنگ جوؤں سے محفوظ نہ تھا۔ ایسی ہی ایک رات تھی جب دبے پاؤں آگے بڑھتے ہوئے ایک برہنہ پا وائی کنگ کا پاؤں کانٹوں سے بھرپور ایک جنگلی پھول پر پڑا جس نے اسے بے اختیار چیخنے پر مجبور کر دیا، یوں پہرے دار چوکنے ہو گئے اور ان کا قلعہ ایک شب خون سے بچ گیا۔ سکارٹ لینڈ کے بادشاہ نے اس پھول کو سراہنے کے لئے ایک شاہی اعزاز کا اجرا کیا جو "آڈر آف دی تھیسل" کہلاتا ہے۔ آج بھی سکارٹ لینڈ کا قومی پھول ایک تھیسل ہی ہے۔ تھیسل جنگلی پھولوں یا جڑی بوٹیوں کی ایسی قسم ہوتی ہے جو سراسر کانٹوں سے بھرپور ہوتی ہے۔ ہم پنجاب میں انہیں "کنڈیاری" کہتے ہیں ان میں کئی رنگوں کے پھول ہوتے ہیں، سرخ، پیلے، نارنجی اور کاسنی اب بھی ہمارے دیہاتی منظر نامے کا ایک لازمی حصہ ہیں۔ ان کی ایک سماجی و معاشی حیثیت بھی تھی اور ادبی حوالہ بھی، وہ بھی تو ایک کنڈیاری ہی تھی جس پر بلھے شاہ نے اپنی بے مثال کافی "نی میں کو سمبڑا چن چن ہاری" لکھی۔ وہ کافی بھی کیا ہے، چیخ ہے۔ شاید بلھے شاہ بھی ننگے پاؤں تھا یا پھر اس کے کانٹے اتنے تیز اور نوکیلے تھے کی روح تک کو زخمی کر ڈالا، کافی کے مضامین پر نظر کریں تو لگتا ہے کو سمبہ تو ایک استعارہ ہے، میٹا فر ہے اور بیان تو معاشی ناہمواریوں اور اس استحصال کا ہے جو ہر دور میں صورت بدل بدل کر معاشرے کو بد

صورت کرنے کے جتن کرتا رہتا ہے۔

لیجئے میں بھی کیا کہانی لے بیٹھا اور اس سب میں آپ سے اس عجوبہ روزگار کا مناسب تعارف بھی نہ کرا سکا، چلئے چھوڑیئے سب باتوں کو اور ملئے "کوسمبے" سے جو ہے تو کانٹوں سے بھرا ایک جنگلی پھول جو پودوں کی درجہ بندی میں "جڑی بوٹی" کے خانے میں ہے پر کبھی یہ اپنی رومان پروری کے لئے جانا جاتا تھا۔

جب جون جولائی کی دھوپ جب اپنی چھب دکھانے لگتی اور خودرو جنگلی پودے اور جھاڑیاں اونچی نیچی بنجر زمینوں میں چاروں طرف پھیلی ہوتی، کچھ پیلی، نارنجی اور سرخ رنگوں کی باریک باریک پتیوں والے کانٹے دار خودرو پھول دھرتی کے وسیع منظر میں خود کو منفرد ظاہر کرنے کی کامیاب کوششوں میں مصروف نظر آتے، ایسا تو کہیں کہیں اب بھی ہوتا ہے پر گزرے زمانوں میں رنگ برنگی چنریوں کو لہراتی، کوسمبے کے تیز نوکیلے کانٹوں کی دست درازیوں سے بے پرواہ ان پھولوں کی پتیاں چنتی دوشیزائیں بھی اسی منظر کا لازمی حصہ تھیں جنہیں صنعتی انقلاب کے باعث ہونے والے معاشی بدلاؤ(جسے ہم "ترقی" بھی کہہ دیتے ہیں) نے غائب کر دیا۔

کانٹوں سے بھرپور اس پودے سے پتیاں چننا بھی ایک دکھ بھرا کام ہے جو چننے والے کے ہاتھوں کو خون کے آنسو رولا دیتا ہے۔ کوسمبہ بھی ایک عجیب پودا ہے اوپر سے جتنا دیدہ زیب اور بھلا لگتا ہے نیچے سے اتنا ہی کرخت اور بد نما، اور پھر اس کے کانٹے، ان سے تو توبہ ہی بھلی۔ کانٹے تو گلاب پر بھی ہوتے ہیں پر ان کی کوئی حد تو ہو۔ جی ہاں یہی وہ کوسمبہ ہے جس پر صدیوں پنجاب کی مٹیاریں فدا رہیں اور اس کی پتیاں چننے کا کٹھن کام اپنے ذمے لئے رکھا۔ اور کرتیں بھی کیوں نہ۔ ان کی اپنی شادی کا جوڑا رنگنے کے لئے ضرورت بھی تو انہیں کی سرخ پتیوں کی ہوتی تھی۔ اپنے ارمانوں کا جوڑا رنگنے کے لئے خود

ہی پھول کی پتیاں چننا بھی کس قدر رومانی کام ہے، کسی کے خیالوں میں گم ہو کر ایسے کانٹوں بھرے پودے سے کھیلنا، زخم لگنا تو لازم ہے۔

کوسمبے کا کوئی حصہ بھی کانٹوں سے خالی نہیں ہوتا یہاں تک کہ اس کے پتوں پر بھی باریک باریک کانٹے ہوتے ہیں۔ کوسمبہ کی آماجگاہ بہت وسیع ہے، اختصار کے لئے ہم اسے میڈیٹرینین بیسن کہہ سکتے ہیں یعنی تین براعظموں پر محیط، ایشیا، افریقہ، جنوبی امریکہ کے علاوہ شمالی امریکہ کے گرم اور خشک علاقے اور آسٹریلیا شامل ہیں۔ کوسمبہ مختلف حالات اور موسموں کے تغیر کے باعث ایک فٹ سے پانچ فٹ تک بلند ہو سکتا ہے، تنا سفیدی مائل سبز، موٹا اور سیدھا، اوپر کی جانب کئی شاخوں میں بٹ جاتا ہے اور سب سے اوپر پھول، پھول کی شکل کچھ کچھ صراحی سے مشابہ، نیچے سے پھولا ہوا، گول اور دھانے سے تنگ، اس تنگ دھن سے پتیاں ایسے نمودار ہوتی ہیں گویا پھول گلدان میں سجے ہوں۔ اس وضع قطع کے پھولوں کو ہی تھیسل یا کنڈیاری کہتے ہیں۔ پتے چوڑے اور بیضوی ہوتے ہیں رنگ گہرا سبز جو وقت کے ساتھ مزید گہرا ہوتا ہے۔ پتوں پر رگیں ہلکے سبز رنگ کی اور نمایاں ہوتی ہیں۔ کوسمبے کے سب ہی حصے اپنی ضرورت کا پانی محفوظ رکھنے صلاحیت رکھتے ہیں۔

ہمارے کوسمبے کو انگریز سیف فلاور کہتے ہیں اور نباتات کی کتابوں اسے "کارتھامس ٹنک ٹوریس" کے نام سے جانا جاتا ہے۔ ایک اور انفرادیت کوسمبے کی یہ بھی ہے کہ سب ہی پودوں کے نباتاتی نام لاطینی زبان سے ہوتے ہیں مگر اس کے نام کا ماخذ لاطینی کی بجائے عربی زبان کا لفظ "قرطم" ہے جو رنگ کے معنی میں استعمال ہوتا ہے اور اس کے قدیم اور تاریخی استعمال کی جانب اشارہ کرتا ہے۔ اس سے لفظ کارتھامائین بھی نکلا ہے جو قدرتی ذرائع سے حاصل شدہ سرخ رنگ کے لئے استعمال ہوتا ہے۔ عربی زبان میں

کوسمبۃ الاصفر کہا جاتا ہے جو اصفر سے بنا اور پیلے یا زرد کو کہا جاتا ہے ، ہسپانوی زبان میں "الازور" اور اٹلی کے باسی "اصفی اور"، ترک زبان میں "حاصبر" اور روس اور مغربی یورپ میں "سیف لور" غرض اس کی کاشت کے سبھی علاقوں میں اس کے نام کا ماخذ اس کا عربی نام ہی ہے۔ اس کے نباتاتی نام کا دوسرا حصہ انگلش زبان سے ہے جس کے معنی رنگساز کے ہیں۔یعنی جو رنگ دے۔

کچھ محققین کی نظر میں اس کا آبائی وطن دریائے فرات کی وادی ہے جو ترکی سے نکلتا ہے اور شام کے راستے عراق میں داخل ہوتا ہے اور شط العرب کے مقام پر خلیج فارس میں جا گرتا ہے۔ اس طرح ان چار ممالک کو اپنی ستائیس سو کلومیٹر طویل ڈور سے باندھے رکھتا ہے۔ اس کا یہ حوالہ تاریخی بھی ہے اور دلوں کو چھو لینے والا بھی، دریائے فرات، کربلا، سرخ رنگ، بناپانی کے سرخرو ہونا وغیرہ۔

رنگوں کی قوس قزح بہت وسیع ہے اور اس میں کوسمبے کو قدرتی سرخ نمبر چھبیس دیا گیا ہے جو نہ صرف کپڑوں کی رنگائی بلکہ کھانوں میں بھی استعمال کیا جاتا ہے۔ کوسمبہ پودوں میں ایک لاڈلے کا درجہ بھی رکھتا ہے اور اس کے ناموں کے علاوہ اس کی عرفیت بھی ہیں۔ اپنے رنگ کی زعفران سے مشابہت کی بنا پر اسے زعفران میں ملاوٹ کے لئے بھی استعمال کیا جاتا ہے اور اس کی ایک عرفیت بناوٹی زعفران بھی ہے اور انگریز تو اسے باسٹر ڈیانا جائز زعفران بھی کہتے ہیں۔

کوسمبہ نے اپنی کاشت کے سب علاقوں اور تہذیبوں کو متاثر کیا ہے، پنجاب سے مصر تک ہر ملک اور تہذیب میں اس کے حسن اور حشر سامانیوں کی کوئی نہ کوئی داستان موجود ہے ، فراعین مصر کے ایک ممتاز فرعون توت آمن آنخ کے تابوت سے کوسمبے کے سوکھے پھولوں کی لڑیاں برامد ہوئیں جس سے ظاہر ہوتا ہے کہ اس عظیم الشان بادشاہ کا دربار بھی اس کی رنگینیوں سے خالی نہ تھا اور اس نے کوسمبہ کا ساتھ اپنے ابدی سفر میں

بھی لازمی سمجھا۔ اسی طرح اور بھی فراعین مصر کے اہراموں سے ملنے والے کپڑوں میں بھی اسی کی رنگ بازی دکھائی دی۔

پنجاب کی ثقافت کا کوسمبے سے رشتہ بہت خصوصی، گہرا اور رومانی ہے ،نوجوان لڑکیاں جنگل سے اس کی پتیاں چنتے چنتے اپنے نازک ہاتھ زخمی کر لیا کرتیں تھیں کہ اپنی شادی کے جوڑے کو سرخ رنگ دینے کے لئے اس کی پتیوں سے رنگ بنا سکیں، وہ بھی کیا منظر ہوتا ہوگا جب کسی کے خیالوں میں گم، آپ ہی آپ بے بات مسکراتی لڑکیاں نوکیلے کانٹوں سے اپنا دامن بچاتی مگر کانٹوں سے بھرپور پودے سے الجھتی ہوں گی کہ کسی بھی طور زیادہ سے زیادہ پتیاں جمع کر سکیں کہ ان کے ارمانوں کے جوڑے پر رنگ چوکھا آئے ، پھر یوں ہوا کہ اس کے رنگ کی روز افزوں مانگ نے اسے ایک تجارتی جنس بنا دیا۔ یوں گوریوں کو اس کی چنائی روزی روٹی کے لئے کرنی پڑی۔ اس شے کی بھی قیمت لگادی گئی جس کا تعلق اپنے پیا سے ملنے کے لئے کئے جانے والے بناؤ سنگھار سے تھا۔ یہ وہ نوکیلے کانٹے تھے جنہوں نے برہنہ پا بلھے شاہ کو چیخنے پر مجبور کیا۔

"نی میں کوسمبڑا چن چن ہاری"

گوریوں نے اب اس کے پھول چننا چھوڑ دیئے ہیں، اس کی سب سے زیادہ کاشت امریکہ اور بھارت میں کی جارہی ہے اور بھارت میں ایک ایسی مشین بنائی گئی ہے جو ہاتھ زخمی کئے بنا ہی محض ہوا کے زور پر بہت تیزی سے اس کی پتیاں کھینچ لیتی ہے۔

دور حاضر میں حضرت انسان کی روز بروز بڑھتی ہوئی ضروریات نے موجود قدرتی ذرائع کے بہترین اور ہر ممکن استعمال کی اہمیت کو اجاگر کیا اور تحقیق کی نئی راہیں کھولی، ویرانوں اور بنجر زمینوں کا باسی یہ مسکین بھی تحقیق کاروں سے نظر نہ بچا سکا۔ اس کی پتیوں کے علاوہ اس کے ہر حصے پر ہوئی تحقیق نے کئی اور رازوں سے پردہ اٹھایا اور کوسمبے میں چھپے بے بہا خزانوں کو بے نقاب کیا۔ کوسمبہ کا تنا اوپر سے شاخوں میں تقسیم ہوتا ہے

اور ایک شاخ پر ایک سے پانچ پھول ہوتے ہیں جن سے پہلے پتیاں اور پھر بیج حاصل کئے جاتے ہیں۔ آج جب کیمیائی سرخ رنگ بے حد ارزاں ہے کوسمبہ اپنے بیجوں اور ان سے حاصل ہونے والے اعلی درجے کے تیل کے لئے محبوب و مطلوب ہے۔ موسم کے گرم اور خشک ہونے پر جب پتیاں یا تو چن لی جاتی ہیں یا پھر گر جاتی ہیں تو اس کے صراحی دار حصہ سے جو دراصل اس کا بیج گھر ہوتا ہے، بیج حاصل کئے جاتے ہیں ایک پھول میں پندرہ سے بیس بیج ہوتے ہیں،۔ کوسمبہ قحط اور پانی کی کمیابی کو برداشت کرنے کی بے مثال صلاحیت کا حامل ہوتا ہے اور سخت سے سخت حالات، نمکیات، زمین کے بنجر پن اور کسی دیکھ بھال کے بنا ہی اپنی زندگی کا سفر بغیر کسی شکوہ کے پورا کرتا ہے اور جاتے جاتے ایک ایسا تیل دے جاتا ہے جو صرف کھانا پکانے کے لئے ہی انتہائی صحت بخش تصور نہیں کیا جاتا، صنعتی لحاظ سے بھی لاجواب اور بیش قیمت مانا جاتا ہے۔ اس کی مرکزی جڑ آٹھ سے دس فٹ تک گہرائی میں جاتی ہے جو اس قد کاٹھ کی جڑی بوٹیوں کے لئے بہت زیادہ سمجھی جاتی ہے۔

اپنی کوئی مخصوص بو یا ذائقہ نہ ہونے کے باعث جن کھانوں میں استعمال کیا جائے ان کی اپنی لذت اور خوشبو کو برقرار رکھتا ہے، سفید رنگ کی تیاری میں جتنے بھی تیل استعمال کئے جاتے ہیں وہ ایک ہلکا سا پیلا رنگ ضرور دیتے ہیں لیکن کوسمبے کا تیل یہاں بھی میدان مارتا ہے اور اس سے بنی اشیا ہمیشہ بیش قیمت ہی شمار ہوتی ہیں۔

اب آیئے اس کی ادویاتی اہمیت اور اب تک کی جانے والی تحقیق پر جو ایسے ایسے انکشافات کر رہی ہے کہ ہر کوئی اس کا دیوانہ ہوا جاتا ہے۔ ہماری مقامی طب میں اس کے استعمال کی کوئی واضح روایت تو نہیں مل سکی سوائے اس کے تیل کے صحت مند خیال کئے جانے کے لیکن جدید سائنس کی روشنی میں اس کی جو اہمیت دکھائی دی ہے وہ اس کی ٹوپی میں کئی پھندنوں کا اضافہ کرتی ہے۔

سب سے پہلے تو ہم کوسمبہ تیل کی ساخت کا جائزہ لیں تو پتہ چلتا ہے کہ موصوف ستتر فیصد ان چکنائیوں پر مشتمل ہیں جنہیں پولی ان سیچو ریٹیڈ فیٹی ایسڈز یا "اومیگا چھ" اور بہت ہی نایاب "اومیگا تین" کہا جاتا ہے، تیرہ فیصد مونو ان سیچو ریٹیڈ فیٹی ایسڈز اور صرف دس فیصد مضر صحت چکنائی یعنی سیچو ریٹیڈ فیٹی ایسڈز ہوتے ہیں۔ اس طرح یہ زیتون کے تیل سے بھی بازی مارتا نظر آتا ہے۔ اپنی ساخت میں اومیگا تین اور اومیگا چھ کی بڑی مقدار کے باعث خون سے مضر صحت چکنائی (ایل ڈی ایل) کو کم کرنا اس کے بائیں ہاتھ کا کھیل سمجھا جاتا ہے، یوں بلند فشار خون (ہائی بلڈ پریشر) اور خون کے رگوں میں جمنے (بلڈ کلوٹنگ) کی اصلاح کرتا ہے۔ کوسمبہ تیل کو بالوں کے جھڑنے اور گنجے پن کو روکنے میں بھی مددگار پایا گیا ہے اس کے علاوہ بھی بہت سے امراض میں اس کا استعمال تجویز کیا جاتا رہا ہے مگر اس کی جدید سائنسی تصدیق نہ ہونے کے باعث ان کا ذکر مناسب خیال نہیں کیا گیا۔

ایک اور قابل ذکر تحقیق جس نے کوسمبے کی اہمیت کو چار چاند لگا دیئے وہ ریاست ہائے متحدہ کی اوہائیو سٹیٹ یونیورسٹی کی محقق پروفیسر مارتھا بیلوری نے کی۔ ایسی ادھیڑ عمر خواتین جو مینوپاز کے مرحلے سے گذر رہیں تھیں، موٹاپے اور ذیابیطس کا شکار تھیں جسے ٹائپ ٹو ذیابیطس کہا جاتا ہے، کوسمبہ تیل کے استعمال سے نہ صرف ان کی شوگر میں کمی دیکھی گئی بلکہ ان کا وزن بھی قابل ذکر حد تک کم ہوا۔ کوسمبے کا تیل ہی خواتین کی کچھ اور شکایات جو ہارمون کی کمی بیشی سے متعلق تھیں اور خاص طور پر حیض کی بندش جیسی اہم شکایات میں ازالے کے لئے بھی اولین ترجیح مانا جاتا ہے، شاید اسی لئے حاملہ خواتین میں اس کا استعمال ممنوع قرار دیا گیا ہے۔

کوسمبہ کی گراں بہا غذائی اور ادویاتی خوبیوں اور معاشی اہمیت میں اضافے نے اس کی بہتر پیداوار دینے والی اقسام اور کاشت کے منافع بخش طریقہ کار کے بارے میں تحقیق

امید کا بیج (مضامین) 41 قمر مہدی

کی نئی راہیں کھولی اور آج ہر علاقے میں وہاں کے موسم کے مطابق بہتر کارکردگی والی اقسام ان کے کاشتکاروں کے زیر استعمال ہیں۔ پاکستان میں میٹھا اور زراعت کے لئے مناسب پانی جس رفتار سے کم ہو رہا ہے ہمیں ایسی فصلات جو کم پانی میں پیداوار دینے کے ساتھ ساتھ منافع بخش بھی ہوں تلاش کرنے کی اشد ضرورت ہے، کوسمبہ بھی ایسی ہی ایک بھولی بسری فصل ہے جو ہزاروں سال سے ہمارے زرعی سماج کا اہم حصہ رہی ہے۔ پاکستان میں پنجاب، بلوچستان اور سندھ کے صحرائی علاقے اس کی کاشت کے لئے موزوں ہیں اور اپنے کاشتکار کو خوشحال کرنے کی پوری صلاحیت رکھتے ہیں۔

کچھ علاقوں میں اس کی کاشت کے بارے میں سنا بھی گیا ہے۔ لیکن یہ معلوم نہیں ہو سکا کہ کتنے رقبے پر اس کاشت کی گئی اور پیداوار کیا تھی وغیرہ، زرعی تحقیقاتی ادارے کی ویب سائٹ پر جو اعداد و شمار ہیں وہ کم از کم دس بارہ سال پرانے ہیں پھر ان مردہ اور جامد اعداد و شمار کی کسی آزاد ذرائع سے تصدیق بھی نہیں ہو سکی اس لئے ان کا حوالہ مناسب نہیں سمجھا گیا۔ یہ ایک حوصلہ شکن حقیقت ہے، مگر اس کا کیا کیا جائے کہ یہ بے خبری اور لاپرواہی ہمارا اجتماعی قومی رویہ بن چکی ہے۔ ہمیں یہ بھی معلوم نہیں کہ یہ جمود کب ٹوٹے گا کیونکہ ہم نے تو ابھی شروعات بھی نہیں کی ہیں۔ اگر ہم نے روش نہ بدلی تو کوسمبہ اور ایسے اور بہت سے بھولے بسرے پودے بلھے شاہ جیسے شاعروں کے نوحوں میں ہی ملیں گے۔

***

ریشمی پھل

ایک قدیم چینی کہانی کے مطابق شہزادی ژی لنگ شی ایک گھنے درخت کے نیچے بیٹھی شام کی چائے سے لطف اندوز ہو رہی تھی کے اچانک ایک چھوٹی سی گول چیز درخت سے اس کی چائے میں آ گری، شہزادی نے دیکھا کہ ایک مہین سا دھاگہ اس سے نکلا، شہزادی ژی لنگ شی نے اسے اپنی انگلی پر لپیٹنا شروع کیا، دھاگے کے آخر میں ایک کوکون نظر آیا۔ دھاگے کی عمدگی اور نفاست سے متاثر شہزادی نے اس سارے عمل کو سمجھا اور دوسروں کو بھی سمجھایا۔ آج بھی کوکون سے ریشم حاصل کرنے کا وہی طریقہ رائج ہے جو ہزاروں سال پہلے شہزادی ژی لنگ شی نے اتفاقاً دریافت کیا تھا۔ بس اتنی تبدیلی کی گئی ہے کہ گرم چائے کی بجائے گرم پانی استعمال کیا جاتا ہے۔ ریشم ایک شہزادی کی دریافت ہے اور اس کو حاصل کرنے کا طریقہ بھی اسی کا سکھایا ہوا ہے شاید اسی لئے ریشم صرف امراہی کا پہناوا ہے۔ چونکہ یہ ایک قدرتی عمل سے حاصل ہوتا ہے لہذا اس کی رسد ہمیشہ اس کی طلب سے کم ہی رہتی ہے اور یہ ہمیشہ ہی مہنگا فروخت ہوتا ہے۔ ایسا نہیں ہے کہ ریشم صرف امراہی کے کام آئے، جہاں وہ امرا کی آسائش کا سامان ہوتا ہے وہیں محنت کشوں کے لئے روزگار مہیا کرتا ہے۔

صدیوں تک ریشم کا حصول ایک چینی راز رہا اور اس کی تجارت پر انہی کی اجارہ داری قائم رہی۔ پھر ایک بدھ بھکشو ایک کھوکھلی چھڑی میں ریشم کے چند کیڑے ڈال کر چین سے باہر لانے میں کامیاب ہو گیا اور اس نے یہ راز یورپ کو بیچ ڈالا۔ اس طرح

"توت" جو شمالی چین کا ایک مقامی درخت تھا ریشم کے حصول کے لئے پوری دنیا میں کاشت ہونے لگا۔ آج پوری دنیا میں شاید ہی کوئی ملک ایسا ہو جہاں اس کی کاشت کی کوشش نہ کی گئی ہو۔ امریکہ میں بھی جہاں "توت" ایک غیر مقامی اور بڑھوتری کے جارحانہ رجحانات رکھنے والا درخت شمار ہوتا ہے، بڑے پیمانے پر کاشت کیا جاتا ہے۔

ریشم کے حصول کے لئے توت کی باقاعدہ کاشت گزشتہ چار ہزار برس سے جاری ہے اور کاشت کرنے والے ممالک اور ان کے زیر کاشت رقبے میں اضافہ ہی ہو رہا ہے۔ ریشم کی تجارت میں چین آج بھی شیر کا حصہ وصول کر رہا ہے اور کرے بھی کیوں نہ، ہر پل بدلتی دنیا کے ہر روز بدلتے معیار اور بڑھتی طلب سے قدم ملا کر چلنا، مسلسل تحقیق اور وسائل کا متقاضی ہے، اور چین اس معیار پر پورا اترتا ہے۔ صنعتی ترقی اور مشینوں میں بہتری لانے کے ساتھ ساتھ ایک بڑے رقبے پر توت کی کاشت بھی اس کا ایک ثبوت ہے۔ دس برس پہلے چین نے چھ ہزار دو سو مربع کلومیٹر کے وسیع رقبے پر توت کی کاشت کی ہے جو شاید پوری دنیا میں ایک جگہ پر توت کا سب سے بڑا باغ ہے۔

توت اور ریشم کے کیڑے کا چولی دامن کا ساتھ ہے یہاں تک کہ اس کا سائنسی نام بھی "بوم بیکس موری" ہے یعنی توت درخت کا کیڑا، توت کا نباتاتی نام "مورس البا" ہے، انگریز اسے وائٹ ملبری یا سفید توت کہتے ہیں جبکہ برصغیر کی دیگر مقامی زبانوں میں، توت، توتہ، توتی وغیرہ کہا جاتا ہے۔ برصغیر میں توت کی کاشت کی تاریخ بہت پرانی اور کئی ہزار برس پر محیط ہے اور اب توت کو مقامی درخت کا درجہ حاصل ہے۔ توت کا شمار نباتات کے ایک خاندان "مورایسی" میں کیا جاتا ہے، اس کے چالیس ذیلی خاندان اور لگ بھگ ایک ہزار اقسام کے درخت اور پودے ہیں۔ یہ خاندان ہمارے لئے کچھ اجنبی نہیں، اسی خاندان کے کچھ اور ارکان بھی ہمارے معاشرے کا اہم حصہ ہیں ان میں سب سے

بڑھ کر تو "بوڑھ" جیسا بزرگ اور عظیم درخت ہے اس کے علاوہ انجیرا، پیپل اور پلکن وغیرہ قابل ذکر ہیں۔

انگلش میں وائٹ ملبری اور ہمارے ہاں توت سیاہ کہلانے والا یہ پھل اپنی زندگی کے مختلف مراحل میں کئی رنگ بدلتا ہے اور اس کو ان سب مراحل میں دیکھنا بھی اتنا ہی پر لطف ہے جتنا خود اس کا رسیلا ذائقہ۔ ابتدا میں یہ سبز رنگ کا ہوتا ہے جو کچھ ہی دنوں میں دودھیا سفید میں بدل جاتا ہے، پھر ہلکا گلابی اور گہرا ہوتے ہوئے عنابی اور آخر میں سیاہی مائل ہو جاتا ہے۔ اپنے ذائقے اور بے پناہ طبی خصوصیات کی بنا پر انتہائی مقبول توت کا پھل ایک انچ سے کچھ ہی بڑا ہوتا ہے جو دراصل بہت سے ننھے ننھے رسدانوں کا مجموعہ ہوتا ہے جو دھاگے کی سی باریک ایک ننھی شاخ پر ایک ساتھ جڑ کر اس کی شکل بناتے ہیں۔ انتہائی میٹھا ہونے کے ساتھ ساتھ ہلکی سی ترشی اس کے ذائقے کو منفرد بناتی ہے اور اسے پہچان دیتی ہے۔ اس کی مختلف اقسام کے نباتاتی ملاپ سے ایسی اقسام بھی تیار کی گئی ہیں جن کا پھل تین سے چار انچ تک لمبا ہوتا ہے اس میں بھی دو رنگ اور ذائقے ہیں سبز بہت میٹھا اور عنابی یا کالا قدرے ترش ہوتا ہے اور توت کی بجائے شہتوت (شاہ توت) کہلاتا ہے۔ پنجاب میں اسے برف کی سل پر، گلاب کی پتیوں سے سجا کر فروخت کے لئے پیش کرنے کی روایت ہے۔ گلاب کی خوشبو سے اس کا مزا دوبالا تو ہو ہی جاتا ہے، لوگوں کے ذوق اور ان کی توت سے دلی وابستگی کا پتا بھی دیتا ہے۔ توت کے موسم میں "شہتوت جلیبا ٹھنڈا ٹھار" کی آوازیں ہر گلی محلے میں سنائی دیتی ہیں۔ توت کو بطور پھل ہی کھایا جاتا ہے کیونکہ ہم نے اس کے بے پناہ فوائد سے پوری طرح مستفید ہونے کے لئے اس کی فوری استعمال کے قابل اشیاء ہی نہیں بنائیں جو اس کی قدر و قیمت میں اضافہ کر کے اسے کاشت کاروں کے لئے اور بھی منافع بخش بنائے۔ صرف ایک یا دو شربت بازار میں دستیاب ہیں جو بطور

دوا استعمال کئے جاتے ہیں۔ مغرب میں اس سے جیم ، جیلی اور مختلف مشروبات بنائے جاتے ہیں اور پھر توت سے بنے میٹھے کے بغیر تو ان کے کھانوں کی فہرست ادھوری ہی ہوتی ہے۔توت کو دیگر میوہ جات کی طرح خشک کر کے بھی استعمال کیا جاسکتا ہے۔

توت ایک درمیانے قد کاٹھ کا گھنی چھاؤں والا شجر ہے۔ عموماً دس، بارہ میٹر تک بلند ہوتا ہے پر کبھی کبھی بہت موافق حالات اور ٹوکریوں کے لئے کی جانے والی بے تحاشہ شاخ تراشی سے بچ جانے پر بیس میٹر تک بھی جانکلتا ہے۔ ہمارے موسمی حالات میں یہ صدا بہار نہیں ہے اور خزاں میں پتے جھاڑ دیتا ہے۔ بہار کے آغاز ہی میں اس پر پہلے پھول آتے ہیں جو یک جنسی ہوتے ہیں مگر نر اور مادہ پھول ایک ہی درخت پر ہونے کے باعث نباتاتی ملاپ دشوار نہیں ہوتا۔ نباتاتی ملاپ کے لئے جہاں رینگنے اور اڑنے والے کیڑوں اور خاص طور پر شہد کی مکھی کا کردار اہم ہوتا ہے وہیں ہوا کو بھی نظر انداز نہیں کیا جاسکتا۔توت کے بارے میں تو یہ بہت ہی اہم ہے۔ نباتات کی دنیا میں، پودے جس رفتار سے اپنا پولن ہوا کے سپرد کرتے ہیں اسے اہم تصور کیا جاتا ہے اور "ریپڈ پلانٹ موومنٹ" کہا جاتا ہے۔توت کی یہ صلاحیت بہت ہی نمایاں ہے اور اسے آواز کی رفتار کے نصف کے برابر (۵۶۰ کلو میٹر فی گھنٹہ) ماپا گیا ہے جو آج تک ماپی گئی کسی بھی دوسرے پودے کی اسی صلاحیت سے بہت زیادہ ہے۔اس سارے عمل کا بہت ہی دیدہ زیب اور لذیذ نتیجہ برامد ہوتا ہے، جی ہاں !توت کا پھل، پتوں کے بغیر توت کا پیڑ جب پھل سے بھر جاتا ہے تو ایک الگ ہی منظر ہوتا ہے، اور پھل بھی اتنا کہ کسی اور درخت پر نہ آتا ہو گا، بیر پر بھی نہیں۔ کیا انسان کیا چرند پرند سب ہی کے لئے کچھ نہ کچھ۔ پھل کے بعد پتے نمودار ہو کر گھنا سایہ مہیا کرتے ہیں۔

توت کے پتے اپنی ساخت اور سائز میں نہ صرف ایک درخت بلکہ ایک شاخ پر بھی

ایک دوسرے سے مختلف ہوسکتے ہیں۔ دو سے پانچ انچ کے یہ انوکھے پتے انسانی ہتھیلی سے مشابہ مگر پانچ کی جگہ تین انگلیوں والی، پان کی شکل کے یا پھر کٹے پھٹے، کنارے آری کے دندانوں والے، اوپر سے گہرے سبز اور ہموار اور نیچے سے قدرے کھردرے اور سفید بھی، پتوں کی رگیں نچلی طرف نمایاں ہوتی ہیں۔

توت کی چھڑیاں بہت لچکدار اور مضبوط ہوتی ہیں اور ٹوکری بننے والوں کی اولین پسند بھی۔ اس کی ٹوکریاں مرغیوں کو بند کرنے سے لے کر پھل اور دیگر زرعی پیداوار کو سنبھالنے اور ایک جگہ سے دوسری جگہ لانے لے جانے کا اہم کام بھی انجام دیتی ہیں۔ اگر ہم غور سے دیکھیں تو زندگی گزارنے اور روزمرہ کے معاملات سے نمٹنے کا ہمارا اپنا ڈھنگ بہت حد تک قدرت پر انحصار کرتا تھا اور درپیش مسائل کے حل کے لئے اسی سے رجوع کیا جاتا تھا۔ اس کی واضح مثالیں مختلف فصلات کے بچ جانے والے اجزا سے بنائی گئی ٹوکریاں، چھابیاں اور قدرتی ریشوں سے بنائی گئی بوریاں اور تھیلے وغیرہ شامل ہیں۔ اس کے برعکس ان کے متبادل کے طور پر مسلط کئے جانے والے شاپنگ بیگ، پلاسٹک اور دوسرے پیٹروکیمیکلز کے برتن، ٹوکریاں، تھیلے، بوریاں بہت سی خطرناک بیماریوں اور ماحول کی ناقابل اصلاح آلودگی کا باعث ہیں۔ صنعتی ترقی نے جو حل پیش کئے وہ بظاہر خوشنما اور ارزاں نظر آئے مگر چند ہی دہائیوں میں ان کی شبیہ مسخ ہونے لگی اور آج ہم ان کی بھاری قیمت بھی ادا کر رہے ہیں۔ ہمیں صدیوں سے آزمائے ہوئے طور طریقوں کو یکسر مسترد نہیں کرنا چاہیے بلکہ ان کو ہی جدید بنانا اور صنعتی ترقی سے ہم آہنگ کرنا چاہیے ،اسی میں ہماری اور ہمارے ماحول کی بقا ہے۔

توت کی لکڑی کے اور بھی بہت سے اہم استعمال ہیں، یہ کھیلوں کا سامان اور خاص طور پر ہاکیاں بنانے کے کام بھی آتی ہے جو ہمارا قومی کھیل ہے۔ اسی طرح ٹینس اور بیڈ

منٹن وغیرہ کے ریکٹ بھی اسی سے بنائے جاتے ہیں۔ مگر اب کچھ عرصے سے فائبر گلاس اور مختلف دھاتوں کے استعمال نے اس کی اہمیت کو کم کرنے کی کوشش کی ہے۔ توت کی لکڑی کا رنگ ہلکا زرد، چمکدار زرد، وزن میں ہلکی، لچکدار اور مضبوط ہوتی ہے۔

ایسا معلوم ہوتا ہے کہ توت اور موسیقی کا آپس میں کوئی گہرا رشتہ ہے، نہ صرف یہ کہ بہت سے خوش الحان پرندے اس کا پھل کھاتے ہیں، اس پر بسیرا کرتے ہیں، اس سے جو ادویہ بنائی جاتی ہیں وہ بھی گلے کی خراش وغیرہ میں تجویز کی جاتی ہیں، اس کی لکڑی کے آلات موسیقی میں استعمال کی روایت بھی صدیوں پر محیط ہے۔ توت سے آلات موسیقی کے وہ حصے بنائے جاتے ہیں جن کا تعلق ساز کی تاروں کے چھیڑے جانے سے پیدا ہونے والی آواز کو ایک خاص تناسب سے بڑھانا اور بڑھتے ہوئے اس کی باریکیوں اور اتار چڑھاؤ کو نہ صرف برقرار رکھنا بلکہ اور بھی واضح کرنا ہوتا ہے، انہیں "ساؤنڈ بورڈ" یا "ریزونس بورڈ" اور اس صلاحیت کو "اکوسٹک کنورٹنگ افی شن سی" کہا جاتا ہے، جو توت کی لکڑی میں بدرجہ اتم موجود ہوتی ہے۔ ۲۰۰۷ میں ایران کی تین یونیورسٹیوں کے اساتذہ نے اس کو سائنسی طور پر بھی ثابت کیا اور اسی سال ہونے والی ایک بین الاقوامی سائنسی کانفرنس میں اس پر مقالہ پڑھا۔ انہوں نے توت کی لکڑی کے باریک تختوں یا پارچوں کو اسی عمل سے گذارا جو ایران میں آلات موسیقی بنانے والے صدیوں سے کرتے آئے تھے اس طرح جدید علوم کی روشنی میں اس کا مطالعہ کیا اور اس کا درست ہونا ثابت کیا۔

ہمارے ماحولیاتی نظام کے لئے اجنبی، غیر مقامی پودے اور درخت دیکھنے میں تو شائد بھلے لگیں لیکن ان کا اپنے ماحول، ارد گرد پائی جانے والی نباتات اور زندگی کی دیگر اشکال سے وہ رشتہ نہیں بن پاتا جو مقامی اور ہم وطن پودوں اور درختوں سے ہوتا ہے۔ یہ صرف جذباتی رشتہ نہیں ہوتا، یہ تعلق صدیوں میں ان کے معاشی و سماجی مفادات اور

ضروریات کے مشترک ہونے سے بنتا اور آہستہ آہستہ پروان چڑھتا ہے اور یوں ان کی زندگیوں کا حصہ بن جاتا ہے۔ ان کی زبان، بول چال، محاوروں، شاعری اور ادب کا حصہ ہوتا ہے، ان کی خوراک، ادویہ، رسم و رواج، شادی بیاہ غرض زندگی کے سفر کا ساتھی ہوتا ہے، ماحول کے اس توازن سے چھیڑ چھاڑ کسی کے مفاد میں نہیں ہوتی اور ان میں سے کسی ایک کا اپنی جگہ نہ ہونا پورے نظام کو متاثر کرتا ہے۔ اس کے نتائج گمبھیر اور دورس ہوتے ہیں۔ توت سے ہماری وابستگی بھی کچھ ایسی ہی ہے ہماری شاعری، موسیقی اور ادب کا دامن بھی توت کے ذکر سے آباد ہے، شاعروں نے اپنے گیتوں کو اگر اس سے سجایا ہے تو موسیقار اور گائیک بھی پیچھے نہیں ہیں، ہماری لوک موسیقی کا ایک حوالہ جسے ہر دور میں تمام مقبول گلوکاروں نے گایا،

"اپنا گراں ہوئے، توتاں دی چھاں ہوئے "

"وانے دی منجی ہوئے، سر تھلے بانھ ہوئے "

اس شعر میں اپنے گاؤں میں توت کی ٹھنڈی چھاؤں سے ملنے والے سکون اور بان کے پلنگ کا آرام تو سمجھ میں آیا لیکن شاعر نے یہ نہیں بتایا کہ سر کے نیچے "بانھ" کس کی ہو، اگر آپ کو سمجھ آیا ہو تو ہمیں بھی بتائیں؟

توت ایک ہمہ جہت درخت ہے اور اس کا کوئی بھی حصہ معاشی اہمیت سے خالی نہیں، اس کے کچھ خواص اور استعمالات پر ایک نظر ڈالنے کی کوشش ان صفحات میں کی گئی ہے، اس کی کاشت ہمیشہ سے منافع بخش رہی ہے۔ توت کے پتوں پر ریشم کے کیڑوں کا پلنا دنیا بھر میں اس کی کاشت کی ایک اہم وجہ ہے۔ قدرتی طور پر پاکستان کے بہت سے علاقے اس کی کاشت کے لئے موزوں ہیں۔ اس کا ظاہری حسن، اس کی آرام دہ چھاؤں، اس کا لذیذ اور صحت بخش پھل وغیرہ وہ خصوصیات ہیں جن کے لئے اسے پاکستان میں

کاشت کیا جاتا ہے، توت سے بننے والی اشیا اور ان کے استعمال کو جدید علوم کی روشنی میں بہتر کیا جاسکتا ہے ایسی نئی اشیا جو اس کی قدر میں اضافہ کر سکیں بنائی جاسکتی ہیں۔

توت کے پھل، توت کی لکڑی اور اس کے پتوں پر پلنے والے ننھے ننھے ریشم کے کیڑوں، سب میں یہ صلاحیت موجود ہے کہ تنہا یا اجتماعی طور پر کسی اہم معاشی سرگرمی کے محرک ہوسکتے ہیں اور بہت سے لوگوں کے لئے باعزت روزگار مہیا کرنے کا سبب بھی۔ گاؤں کے گاؤں ریشم کے کاروبار سے آباد ہوسکتے ہیں۔ توت کی لکڑی سے بنا معاشی گاڑی کا یہ پہیہ بہت موثر اور دوسری سرگرمیوں سے متصل ہو کر اجتماعی ترقی کا سرخیل ہوسکتا ہے۔

***

بیر: اچھی غذا

شمالی چین کے صوبے حی بی کی ایک کمیون کینگ شی آن کی ۹۰،۰۰۰ہیکٹر زمین شور زدہ، بنجر اور نا قابل استعمال تصور کی جاتی تھی اور اس پر کوئی بھی زرعی فصل جو کمیون کے لوگوں کے لئے منافع بخش ہو کاشت نہ کی جاسکتی تھی۔ ویسے بھی محنت کرنے والے سب مرد روزگار کی تلاش میں شہروں کو جا چکے تھے

۸ مارچ ۱۹۹۰ (خواتین کا عالمی دن) کا سورج بھی کینگ شی آن پر ایسی ہی مایوس کن صورت حال میں طلوع ہوا۔ اسی دن چینی خواتین کی تنظیم نے تحفظ ماحول کی ملک گیر تحریک کا آغاز کیا۔ اسے گرین پروجیکٹ کا نام دیا گیا۔ اس نے واقعی انقلاب برپا کر دیا۔ بنجر اور شور زدہ علاقوں کی لئے مخصوص فصل 'جوار' بھی جہاں کاشت نہ کی جاسکتی تھی وہاں آج بیر کے باغات لہلہاتے ہیں اور اپنی کاشتکاروں کی آمدنی میں ۵۰۰ فیصد اضافہ بھی کر چکے ہیں۔ ۱۶ سے ۴۵ سال کی خواتین کی بھرپور شمولیت نے اس مہم کو اور بھی معنی خیز بنا دیا اور دیکھتے ہی دیکھتے ۳۳،۰۰۰ہیکٹر زمین پر بیر کے باغات نظر آنے لگے۔ یہاں یہ بات بھی قابل ذکر ہے کہ کینگ شی آن میں کاشت کاری کا ۷۰ فیصد کام خواتین انجام دیتی ہیں۔

خود انحصاری کے اس ولولہ انگیز عمل میں بہت سے حیران کن واقعات دیکھنے کو ملے ،ایک بالکل ہی بنجر اور ناہموار قطعہ اراضی پر ایسی خواتین جو پہلے جسمانی محنت کا کوئی تجربہ

نہ رکھتی تھیں ۲۵۰۰۰ بیر کے پودے لگانے کا کام سونپا گیا، اندازہ تھا کے یہ کام دو ماہ میں ختم ہو گا مگر اپنے قصبے کی قسمت بدلنے کے جذبے سے سرشار باہمت خواتین نے صرف ۲۰ دن کی قلیل مدت میں ہی پورا کر لیا۔ آج وہاں بیر کی پیداوار ۲۰ کلو فی درخت سے ۵۰ کلو پر جا پہنچی ہے اور بیر کی جڑوں کے بے مثال نظام کی بدولت زمین کی زرخیزی میں بے پناہ اضافے ہوا اور اب گندم اور کپاس جیسی منافع بخش فصلات بھی کاشت ہو رہی ہیں جبکہ جنگل پر مشتمل رقبے میں ۸۰ فیصد کا اضافہ ہو چکا ہے۔

جی ہاں ! یہ وہی بیر ہے جو صدیوں سے ہماری روز مرہ زندگی کا حصہ ہے۔ ہماری لوک کہانیوں اور ضرب الامثال میں شامل ہے۔ جس گھر میں بیری ہو وہاں پتھر تو آتے ہی ہیں ، یہ اور ایسی بہت سی مثالیں ہمارے روز مرہ مکالمے کا حصہ ہیں اور بیٹیوں والے گھروں میں آنے والے شادی کے پیغامات کے تناظر میں کہی جاتی ہیں گویا شادی کے پیام اور پھل آنے پر بیری سے پھل توڑنے کی خواہش کو ایک ہی زمرے میں رکھا گیا ہے، اس بات سے ہی اس عجوبہَ روز گار کی ہمارے سماج میں حیثیت کا پتا چلتا ہے۔ کہیں اس کو طنزیہ انداز میں اچھے لباس کے ساتھ اچھی خوراک قرار دیا گیا ہے غرض اس کا ہمارے سماج اور روز مرہ معاملات سے گہرا رشتہ ہے اور ہو بھی کیوں نہ، یہ ہے بھی تو اپنے تن من دھن سے ہماری خدمت پر آمادہ۔

بیر کا ساتھ گہرا بھی ہے اور قدیمی بھی، آثار قدیمہ کے ماہرین نے اس کے جو فوسل (پتھروں میں محفوظ آثار) دریافت کئے ہیں وہ ۵۰ ملین برس پرانے ہیں اور اگر یہ کہا جائے کہ بیر جنوبی ایشیا میں زندگی کی اولین نشانیوں میں سے ہے اور یہ دونوں ایک ساتھ ہی پروان چڑھے ہیں تو کچھ غلط نہ ہو گا شاید یہی وجہ ہے کہ بیر میں اس خطہ ارض کے

باسیوں کی سب ہی خصوصیات پائی جاتی ہیں اور سب سے نمایاں تو مہمان نوازی ہے، کیا انسان کیا چرند پرند سب ہی کے لئے باہیں کھولے کھڑا ہے۔ کسی کو اس کا پھل بھاتا ہے تو کوئی اس کے پتوں کا گرویدہ ہے، اس کی گھنی چھاؤں کا تو جواب ہی نہیں۔

بیر کے کسی بڑے سے پیڑ کو غور سے دیکھیں جو پورے قد کے ساتھ اپنی نازک اور اوپر سے نیچے کی جانب جھکتی، جھولتی، پھل اور پتوں سے بوجھل شاخوں کی بڑی سی چھتری اٹھائے کھڑا ہو اس کی جھکتی شاخوں میں ایک عاجز اور نرم خو دوست کا سا انداز نظر آئے گا اور اس کے پھل کے بدلتے ہوئے سبز، پیلے، سنہری اور سرخی مائل بھورے، چمکتے ہوئے رنگ آپ کو قریب آنے کی دعوت دیتے نظر آئیں گے۔ دیکھا ہے نا! یہ ہمارا اپنا ہی ہم وطن۔

برصغیر کا یہ سخت جان درخت ہر طرح کی زمینوں اور آب و ہوا کے مطابق ڈھل جانے کی صلاحیت رکھتا ہے، زمین سخت ہو یا بھربھری، زیادہ نمکیات والی ہو یا پھر تیزابی اس کے لئے سب یکساں ہیں مگر ریتلی مٹی میں یہ زیادہ خوش رہتا ہے۔ بیر کچھ حیرت انگیز خوبیوں کا مالک بھی ہے جیسے کہ اس کی انتہائی درجہ حرارت کو برداشت کرنے کی صلاحیت، یہ تقریباً نقطہ انجماد سے لے کر جنوبی پنجاب کے ریگ زاروں میں موسم گرما کی انتہا تک کو خندہ پیشانی سے برداشت کرتا ہے۔ اسی طرح پانی کے ساتھ بھی اس کے معاملات کچھ ایسے ہی ہیں، شور زدہ زمینوں میں زیر زمین پانی کی بلند سطح سے لے کر صحرا کے بے آب و گیا وسعتوں تک ہر جگہ پھلتا پھولتا نظر آتا ہے۔ بیر نباتات کے اس سلسلے سے تعلق رکھتا ہے جو جڑوں کا بہت مربوط نظام رکھتے ہیں۔ اس کی گہری مرکزی جڑ یعنی ٹیپ روٹ اس کے سخت جان ہونے کی بڑی وجہ ہے، یہ بہت گہرائی میں جا کر اسے قحط اور

خشک سالی کی فکر سے آزاد کر دیتی ہے۔

خودرو بیر سطح سمندر سے ۵۴۰۰ فٹ کی بلندی پر بھی پایا گیا ہے۔ سخت موسوں اور نا موافق حالات میں بھی کامیابی سے بڑھنے کی اس صلاحیت کی بنا پر اسے پوری دنیا میں زرعی شجر کاری کا بہترین درخت مانا جا رہا ہے۔ ایسی بنجر اور غیر آباد زمینوں کو، جہاں روایتی فصلیں کاشت نہ کی جا سکتی ہوں، آباد کرنے اور ان پر معاشی سرگرمیاں شروع کرنے کے لئے بیر کو ایک بہترین مددگار تصور کیا جاتا ہے۔ خزانہ قدرت کے اس بیش بہا موتی کو کرہ ارض کی زرعی معیشت کا ایک اہم اثاثہ سمجھا جا رہا ہے۔ بیر پر امریکہ، انڈیا اور چین میں تحقیق کا کام ہو رہا ہے اور بڑے بڑے رقبہ جات اس کی کاشت کے لئے مخصوص کئے جا رہے ہیں صرف امریکہ کے جنوب مغربی حصوں میں جہاں آب و ہوا اس کی کاشت کے لئے موزوں ہے ۱۴۰،۰۰۰ ایکڑ پر اس کی کاشت کی گئی ہے۔

تحقیق ہی وہ واحد راستہ ہے جس پر ہر پل بدلتی دنیا میں وقت کے ساتھ قدم ملا کر چلا جا سکتا ہے، تحقیق وہ آنکھ بھی ہے جو صرف دیکھتی ہی نہیں پہچانتی بھی ہے اور فیصلہ کرنے کی قوت بھی عطا کرتی ہے تحقیق کی اہمیت کے ادراک پر ہی قوموں کے حال اور مستقبل کا دارومدار ہوتا ہے۔ تحقیق کا دامن چھوڑ دینے والی قوموں کا سراغ آنے والے وقتوں میں بہت تحقیق کے بعد ہی پایا جا سکے گا۔ بیر کے درخت اپنے قدبت میں ایک ہی آب و ہوا اور ایک ہی جیسی زمین پر ایک دوسرے سے مختلف ہو سکتے ہیں۔ کہیں یہ زمین پر ایک ہی جگہ سے پھوٹتی کئی شاخوں پر مشتمل ایک جھاڑی کی صورت ہوتے ہیں تو کہیں ایک مضبوط اور توانا تنے پر بھرپور چھتری اٹھائے سایہ پھیلائے دعوت نظارہ دیتے نظر آتے ہیں۔ ان دونوں صورتوں میں بنیادی فرق صرف اس محبت اور پیار کا ہے جس کا متقاضی

محبتیں بانٹنے والا یہ باکمال شجر اپنے ابتدائی ایام میں ہم سے ہوتا ہے۔اس کی مناسب کانٹ چھانٹ اسے ایک صحت مند اور تناور درخت بنانے کے لئے ضروری ہے۔

عموماً یہ چھ سے بارہ میٹر تک بلند ہو سکتا ہے اور اس کی نازک شاخوں کی چھتری بھی کم و بیش اتنی ہی پھیلی ہوئی ہوتی ہے۔ دھاتی تار کی سی باریک شاخوں پر بیضوی پتے آمنے سامنے نمودار ہوتے ہیں۔ اوپری جلد گہرے سبز رنگ کی اور سطح چکنی ہوتی ہے جو گرم موسموں میں نمی کو برقرار رکھتی ہے۔ بیر کے دو انچ تک لمبے پتے نیچے سے قدرے سفید اور روئیں دار ہوتے ہیں اور ان کی یہ خوبی دوسرے اشجار کی نسبت فضائی آلودگی کو بہتر طور پر کم کرنے کا باعث ہوتی ہے اور انہیں سڑکوں کے اطراف لگائے جانے کے لئے ایک مضبوط امیدوار بناتی ہے۔

بیر کا نباتاتی نام 'زی زی فس موریتی آنہ' ہے اسے انڈین جوجوبا بھی کہا جاتا ہے، ایک اور دلچسپ حقیقت بیر کے بارے میں یہ کہ اس کا ایک رشتے کا بھائی جو نباتاتی زبان میں 'زی زی فس زائی زی فس' کہلاتا ہے اور اپنے خواص میں بیر سے مشابہ ہے ہماری روایتی حکمت میں بڑا مقام رکھتا ہے۔ ہم اور آپ اسے 'عناب' کے نام سے جانتے ہیں۔ دونوں کی کاشت اور دیکھ بھال ایک جیسی ہے مگر پھل کی قیمت میں زمین آسمان کا فرق ہے۔

بیر کا پھل نباتاتی اسطلاح میں ڈروپ کہلاتا ہے، اس سے مراد ایسے پھل ہیں جن کا بیج ایک سخت گٹھلی میں ہوتا ہے جیسے آڑو، آلو بخارہ اور خوبانی وغیرہ۔ بیر کا پھل بھی اپنی شکل و صورت، رنگ اور جسامت میں کئی طرح کا ہو سکتا ہے۔ گول یا بیضوی، چیری جتنا چھوٹا یا آلو بخارے جتنا بڑا، خودرو اقسام کا پھل آدھے سے ایک انچ تک گول اور رنگ

سرخی مائل بھورا ہوتا ہے جبکہ احتیاط سے کاشت کی گئی مخلوط نسل کے بیر کا پھل ڈھائی انچ لمبا اور پونے دو انچ چوڑا ہو سکتا ہے، بادامی، سرخی مائل بھورے یا پھر چمکتے ہوئے سبز رنگ کا پھل بھی کھانے کے لئے تیار ہوتا ہے۔ اسے اپنی خام شکل میں ہی کھایا جاتا ہے۔

ہم نے بیر یا عناب سے ایسی کوئی اشیا بنانے کی کوئی کوشش ہی نہیں کی جن سے ان کے بیش بہا غذائی اور ادویاتی خواص سے فائدہ اٹھایا جا سکے۔ صرف عناب سے بنے کچھ شربت بازار میں دستیاب ہیں جو دوا کے طور پر استعمال کئے جاتے ہیں۔ بیر میں صحت بخش غذائی اجزا کی بھرپور مقدار ہوتی ہے ماہرین کی نظر میں بیر اپنے ان غذائی اجزا کی بدولت سیب اور سنگترے سے بھی بہتر شمار کیا جاتا ہے، صرف امرود میں وٹامن سی بیر سے زیادہ ہوتا ہے۔ شہد کی غذائی اور ادویاتی اہمیت سے تو سب واقف ہیں مگر شاید یہ بات حیرانی کا باعث ہو کہ شہد کی مکھیاں جو شہد بیر سے کشید کرتی ہیں وہ اپنے خواص میں سب سے اعلیٰ تصور کیا جاتا ہے۔ جو کاشتکار اپنی زمینوں پر بیر کے درخت لگاتے ہیں وہ بیر کی ایک فصل کے ساتھ ساتھ ایک فصل شہد کی بھی اٹھا سکتے ہیں اس طرح وہ آمدنی کے ساتھ اپنے خاندان کے لئے صحت بخش غذا کا بھی بندوبست کر سکتے ہیں۔

بیر کے پتے ہر لحاظ سے اس کے پھل کے ہم پلہ ہوتے ہیں اور گائے، بھینس، بھیڑ بکری اور صحرا میں مواصلات اور بار برداری کے سب سے اہم ذریعے یعنی اونٹ کا بھی من پسند چارہ ہیں۔ صحرا میں خود رو بیر کی تراش خراش کا کام انہیں کے چرنے سے ہوتا ہے اور یہ بغیر کسی باغبان کے خوب پھلتے پھولتے ہیں، زندگی کی بقا اور بہتری کے لئے ایک دوسرے پر انحصار کرنے اور آگے بڑھنے کے لئے یہ قدرت کی ایک مثال بھی ہے اور سبق بھی۔

بیر کی لکڑی سرخی مائل بھوری، سخت اور مضبوط ہوتی ہے اور زرعی آلات کے دستے اور فرنیچر وغیرہ بنانے میں استعمال ہوتی ہے۔ حرارت پیدا کرنے کی بہتر صلاحیت کی بنا پر بطور ایندھن بھی اس کی مانگ ہے اور اس سے عمدہ معیار کا کوئلہ بھی بنایا جاتا ہے۔ اپنی مخلوط اقسام اور آب و ہوا کے مطابق اس کی عمر مختلف علاقوں میں مختلف ہو سکتی ہے جو ۲۵ سے ۱۰۰ سال تک ہوتی ہے۔

بیر کی کاشت بہت ہی آسان ہے، اسے بیج سے براہ راست اور پہلے نرسری میں پودے بنا کر بھی لگایا جا سکتا ہے لیکن نرسری والے طریقے میں ناکامی کا خدشہ کم ہوتا ہے۔ اس کے ننھے پودے پندرہ سے بیس دنوں میں ہی بیجوں سے سر نکال لیتے ہیں اور آٹھ سے دس ہفتے میں یہ چھ سے بارہ انچ کا ہو جاتا ہے جسے زمین میں منتقل کیا جا سکتا ہے۔ زمین کی بہتر تیاری پودوں کی تیز نشو نما اور صحت کی ضامن ہوتی ہے۔ بیر کو داب لگا کر بنائی ہوئی قلموں یا پھر جڑوں سے پھوٹنے والے ننھے پودوں کو علیحدہ کر کے بھی کاشت کیا جا سکتا ہے۔

بیر ویسے تو پورے پاکستان میں ہی لگایا جا سکتا ہے مگر سندھ، جنوبی پنجاب اور بلوچستان کے بے آب و گیا بنجر صحرائی علاقے جہاں پانی کی کمیابی اور دیگر وسائل کی عدم دستیابی کے باعث زراعت ممکن نہیں اس کے لئے بہت موزوں ہیں۔ یہ علاقے ویسے بھی غربت کا اپنا ہی گھر ہیں۔ بہت ہی قلیل معاشی سرگرمیوں کا حامل ہونے کی وجہ سے انتہائی پست شرح آمدنی اور بے روزگاری جیسے مسائل سے دوچار ہیں۔ ایسے درختوں کی شجر کاری سے صحرا کے مکین براہ راست معاشی طور پر مستفید ہوں گے، موسموں کی شدت کم کی جا سکے گی، ماحولیاتی آلودگی پر قابو پایا جا سکے گا اور مجموعی طور پر ہمارے سست رفتار

معاشی پہیے کی رفتار بڑھائی جا سکے گی۔ کیا یہ بہت ہی حیرت انگیز بات نہیں کہ صحرا کی بنجر اور بیابان غیر آباد زمین کو انتہائی کم خرچ سے نہ صرف قابل استعمال بنایا جا سکے، چارے کی دستیابی سے گلہ بانی شروع ہو سکے، گھریلو اور صنعتی استعمال کے لئے کوئلہ اور لکڑی مل سکے، انسانوں کے کھانے کو پھل میسر ہو اور ادویہ کا سامان ہو اور یہ سب کچھ صرف ایک درمیانے قد کے سخت جان درخت کی بدولت ہو۔

یقین نہیں آتا۔ کیا واقعی ایسا ممکن ہے؟

٭ ٭ ٭

سنبل: باغوں کا محافظ

یہ ۱۹۳۴ کا واقعہ ہے، ڈاکٹر ہنری فیلڈ کی قیادت میں نباتاتی ماہرین کے ایک دستے کو ایران اور عراق کے سفر پر روانہ کیا گیا۔ ان کی اس مہم کا مقصد مشرق وسطہ کے ممالک میں بطور ادویہ زیر استعمال جڑی بوٹیوں کا تفصیلی مطالعہ کرنا اور ان کے نمونہ جات حاصل کرنا تھا۔ اس مہم کے اختتام پر جناب ہنری فیلڈ نے دس ہزار جڑی بوٹیوں کے نمونے جنہیں سائنسی اسطلاح میں 'ہربیریم اسپے سی من' کہتے ہیں اپنے ادارے کو مہیا کئے۔ ('ہربیریم اسپے سی من' پودے کے تمام حصوں کو اس طرح محفوظ کرنے کو کہتے ہیں جن کی مدد سے ان کا مطالعہ کیا جاسکے اور طلبہ کو تعلیم دی جاسکے۔ ہر ملک کا اپنا "نیشنل ہربیریم" ہوتا ہے جس میں اس کے اپنے مقامی پودوں کا ریکارڈ رکھا جاتا ہے، عموماً یونیورسٹیاں بھی اپنے ہربیریم بناتی ہیں۔ ہماری معلومات کے مطابق پاکستان کا اپنا کوئی ہربیریم نہیں ہے اور نہ ہی کوئی یونیورسٹی ایسی کوئی سہولت اپنے طلبہ کو مہیا کر رہی ہے۔) ان کی اس یاترا میں بہت سے دلچسپ واقعات پیش آئے اور ان کا سفر حقیقی معنی میں وسیلہ ظفر ثابت ہوا۔ اپنے دورہ اصفہان میں ان کی ملاقات ۹۵ سالہ حکیم مرزا محمد علی خان سے ہوئی جو کئی پشتوں سے شعبہ طب سے منسلک تھے اور صرف بیس سال کی عمر سے باقاعدہ خدمات انجام دے رہے تھے۔ ڈاکٹر ہنری کے مطابق وہ کمال مہربانی سے نہ صرف اپنے نسخاجات انہیں لکھوانے پر آمادہ ہو گئے بلکہ اپنے خاندانی نسخاجات بھی جو دو ضخیم جلدوں پر مشتمل تھے ان کے مطالعے اور نقول کی تیاری کے لئے ان کے حوالے کر دیئے جو فیلڈ میوزیم

آف نیچرل ہسٹری، شگاگو یونیورسٹی نے ۱۹۳۷ میں کتابی شکل میں شائع کئے۔ یہ ایک دلچسپ کتاب ہے اور اپنے وقت کی حکمت اور ادویہ کی مکمل دستاویز بھی، مگر اس کے پیش لفظ کی آخری سطروں نے چونکا دیا۔ ڈاکٹر ہنری فیلڈ کے یہ الفاظ آپ کے مطالعے کے لئے من وعن بغیر کسی تبصرے کے نقل کئے جا رہے ہیں یہ اب آپ کا کام ہے کہ اس پر اپنی آرا کا اظہار کریں:

"ایران میں رضا شاہ پہلوی اور عراق میں غازی شاہ کی قیادت میں جس تیزی سے مغربیت کو اپنایا جارہا ہے، یہ نہایت ضروری ہو گیا ہے کہ جلد از جلد ان ممالک کے معدوم ہوتے طبی ورثے کو اس کی اصلی حالت میں محفوظ کر لیا جائے"

اس نادر کتاب کا سراغ اتفاقاً ہاتھ لگا، دراصل میں اپنے ایک بہت ہی پیارے، پیار اور آسانیاں تقسیم کرنے والے ہم وطن کے نام کے معنی اور وجہ تسمیہ کی تلاش میں تھا اور اس کے ایک اور ہم نام سے جا ملا جو ازبکستان کے شہر بخارا کے نواح میں پایا جاتا ہے اور اپنے ادویاتی خواص کی بنا پر اہم تصور کیا جاتا ہے۔ ہمارے اس ہم وطن کے نام پر ایک شہر ہمارے ہمسایہ ملک افغانستان میں ہے، اس کے علاوہ اس مجسم حسن کے نام پر بہت سے مسلمان ملکوں میں خواتین کا نام رکھا جانا بھی مقبول ہے۔ چلئے اب اور کیا چھپانا! یہ وہی دراز قد حسینہ ہے جو ہر موسم میں پوشاک بدل بدل کر اپنا اور اپنے اردگرد کا نظارہ دلفریب کئے رکھتی ہے۔ اب تو یقیناً آپ سمجھ ہی گئے ہوں گے کہ ہم آج سنبل سے اپنی دیرینہ محبت کا برملا اقرار کر کے ہی رہیں گے۔

پوری گرمی یہ پتوں سے ڈھکا رہتا ہے اور اپنے پورے قد کاٹھ سے اپنے اطراف ٹھنڈی چھاؤں کئے رکھتا ہے، خزاں کے آتے ہی یہ پتے جھاڑ کر سردی کی ناتواں دھوپ کو راستہ دیتا ہے اور اپنے ہمسایوں کو موسم سے مقابلے کی طاقت۔ بہار کا تو اعلان ہی اس کی

چاروں اطراف پھیلی ہوئی شاخوں پر موٹی موٹی انڈے کی شکل کی کلیوں کے نمودار ہونے سے ہوتا ہے جو سیاہی مائل بھورے رنگ کی ہوتی ہیں۔ مضبوط شاخوں پر کلیوں کے گچھے ماہ فروری میں سرخ، نارنجی یا پیلے پھولوں میں بدل جاتے ہیں۔ مختلف اطراف میں رخ کئے یہ پھول بلا مبالغہ سیکڑوں کی تعداد میں ہوتے ہیں۔ پھولوں سے لدا دیدہ زیب درخت مرکز نگاہ اور اطراف کی تمام چیزوں پر حاوی ہوتا ہے۔ دن کی روشنی میں یہ منظر رات کی تاریکی میں ہونے والی آتشبازی سے مشابہ ہوتا ہے۔

نباتات کی کتابوں میں اس کا نام "بوم بیکس سیبا" درج ہے اور اس کا شمار پھولدار درختوں والے خاندان "مالوے یسی" میں کیا جاتا ہے۔ ہندی میں سیمل اور انگلش میں سلک کاٹن ٹری کہا جاتا ہے، چین میں یہ "مومی این" کے نام سے پکارا جاتا ہے۔ اس کی کاشت کا علاقہ بہت وسیع و عریض ہے، جنوب میں تامل ناڈو سے لے کر ہمالیہ کے دامن تک اونچے نیچے، خشک و تر سب میں ہی سر اٹھا کر جیتا ہے۔

پانچ سے سات انچ کے پانچ سے نو پتے ایک مرکزی شاخ سے جڑے ہو کر انسانی ہاتھ کی سی شبیہ بناتے ہیں۔ تنے سے پھوٹنے والی شاخیں متوازی اور سیدھی ہوتی ہیں اور تنے کے گرد ایک چکر کی صورت میں چاروں طرف پھیلی ہوئی ہوتی ہیں۔ باغبان نیچے سے ان کی چھٹائی کرتے رہتے ہیں اس طرح تنا صاف ہوتا جاتا ہے اور شاخوں کی چھتری اوپر کی جانب بڑھتی جاتی ہے یوں ایک سیدھا اور سایہ دار پیڑ وجود میں آتا ہے۔

چھ سے آٹھ انچ کا پانچ پنکھڑیوں والا خوشنما پھول بہت چمکدار اور ریشمی سا ہوتا ہے۔ دھوپ پڑنے پر اس کی چمک بہت دور تک جاتی ہے اور سب کو متوجہ کر لیتی ہے۔ پھول اپنی وضع قطع میں بیڈ منٹن کی چڑیا سے مشابہت رکھتا ہے۔ اس میں پانی اور مٹھاس کی بڑی مقدار موجود ہوتی ہے جو بہت سے پرندوں کے لئے سال بھر کی توانائی کا

سامان لئے ہوتی ہے۔ شہد کی مکھیاں اور بہت سے پرندے پھولوں کے کھلتے ہی اس کا رخ کرتے ہیں اور اس دعوت عام میں اپنا حصہ بقدر جسہ وصول کرتے ہیں۔ ایسے شاید کم ہی درخت ہوں گے جن میں پرندوں کے لئے سنبل جتنی کشش ہوا۔ باغوں میں اس کی موجودگی پرندوں کی آمد کا سبب بنتی ہے۔ سنبل کے بلند قد و قامت کے باعث بہار کی آمد کی اطلاع دور دور تک پھیل جاتی ہے۔ شہروں کی سنگین سکائی لائن رنگین اور گداز کرنے کا یہ سہل اور آسان طریقہ ہے۔

درخت کی شاخ پر سنبل کے پھول کی عمر تقریباً انتیس دن ہوتی ہے یہ صرف شاخ پر کھلا، رنگ بکھیرتا ہی بھلا نہیں لگتا اس کا اپنی شاخ سے ٹوٹ کر گرنے کا منظر بھی انوکھا اور دلفریب ہوتا ہے۔ اپنی مخصوص ساخت اور وزن کے باعث بلندی سے نیچے پنکھے کی طرح گھومتے ہوئے آتا ہے۔ سنبل کے پھول مارچ اپریل میں گرنا شروع ہوتے ہیں اور جو رنگ کچھ دن پہلے آسمان پر چھائے ہوئے تھے اب زمین کو رنگ دیتے ہیں اور سنبل کے اردگرد کی زمین کا حسن ہی نہیں زرخیزی کا باعث بھی ہوتے ہیں۔ ماہ مئی میں ان رنگوں کی جگہ ریشم کی سی ملائم روئی کی باریک سی تہہ لے لیتی ہے ایسا اس کے سیڈ پوڈ کے درختوں پر ہی کھل جانے سے ہوتا ہے۔ سنبل کا ایک ملی میٹر موٹا اور دو سے تین ملی میٹر قطر کا گول بیج بہت نازک اور مہین ہوتا ہے اور اسے دیکھ کر یہ اندازہ ہو ہی نہیں سکتا کہ یہ دیو ہیکل درخت اس مہین بیج سے برآمد ہوا ہے۔ چار سے چھ انچ کے سخت بیضوی سیڈ پوڈ کے اندر ریشمی روئی میں لپٹے بیج بھرے ہوتے ہے۔ یہ شاید بیجوں کی نازکی کا ہی تقاضا تھا کے قدرت نے اسے نہایت نرمی سے ریشم میں لپیٹ کر ایک مضبوط اور چوبی ڈبے میں رکھا۔ درخت پر ہی کھل جانے پر اس کے بیج ہوا کے دوش پر دور دراز، انجان زمینوں کے سفر پر روانہ ہو جاتے ہیں لیکن جہاں اس کی قیمتی ریشمی روئی کو ضائع کرنا مقصود نہ ہو وہاں

انہیں کھلنے سے پہلے ہی اتار لیا جاتا ہے اور پھر گرم پانی میں ڈال کر کھولا جاتا ہے اور اس طرح بیج اور ریشم علیحدہ کر کے کام میں لایا جاتا ہے۔ سنبل کی روئی کو کاتا نہیں جا سکتا اس لئے یہ ریشمی ہونے کے باوجود ریشم کی ہم پلہ نہیں ہے اور صرف گدوں اور تکیوں کی بھرائی ہی کے کام آتی ہے۔ سنبل کا بیج کھانے کے قابل نہیں ہوتا اور زہریلا ہوتا ہے۔

پینتیس سے چالیس میٹر بلند سنبل اپنی مضبوط شاخوں کی بیس سے پچیس میٹر کی چاروں اطراف پھیلی ہوئی چھتری اٹھائے، سایہ پھیلائے بہت باوقار اور بارعب انداز میں سو برس سے بھی زیادہ عرصے تک تیز و تند ہواؤں کا غرور توڑ کر باغوں کی حفاظت کے فرائض سرانجام دیتا ہے۔ ابتداء میں اس کے تنے پر موٹے موٹے کانٹے ہوتے ہیں جو وقت کے ساتھ ختم ہو جاتے ہیں یہ اس کا جانوروں کی چرائی سے محفوظ رہنے کا قدرتی نظام ہے۔ سلیٹی رنگ کی چھال کی سطح کھردری اور ہاتھی کی جلد سے مشابہ ہوتی ہے۔ اس کے تنے کی موٹائی تین سے پانچ میٹر تک ہو سکتی ہے۔ یہ ایک تیز رفتار درخت ہے اور اور پانچ سال میں ہی دس سے بارہ میٹر تک جا پہنچتا ہے ویسے اس پر پھولوں کی آمد کا سلسلہ تو تین سے چار میٹر کے پودے سے ہی شروع ہو جاتا ہے۔ قد اور حجم بڑھنے پر اتنے بڑے وجود کو سہارا دینے کے لئے بھی قدرت نے اسے ایک خاص نظام سے نوازا ہے۔ سنبل کے نچلے حصے سے خاص جڑیں جنہیں بٹرس روٹس بھی کہا جاتا ہے نمودار ہوتی ہیں جو اس کے تنے کو کچھ فاصلے سے اس طرح سہارا دیتی ہیں جیسے واقعی کوئی دیوار تعمیر کی گئی ہو، بعض پرانے درختوں میں یہ بٹرس روٹس تنے پر آٹھ سے دس میٹر اونچائی سے زمین پر کوئی تین سے چار میٹر تک جا پہنچتی ہیں۔

سنبل ایگرو فارسٹری کے لئے بہترین سمجھے جانے والے معدودے چند اشجار میں شامل ہے اور ہو بھی کیسے نہ، یہ جتنا اوپر بڑھتا ہے اتنا ہی نیچے بھی۔ ماہرین کے مطابق

سنبل کے حجم کا ایک چوتھائی سے بھی زیادہ زیر زمین ہوتا ہے اس طرح بائیوماس کا ایک بڑا ذخیرہ اپنے کاشتکار کی زمین کو مہیا کرتا ہے۔

بدلتے موسموں کے ساتھ منظر بدل دینے کی صلاحیت اسے شہروں میں کی جانے والی شجر کاری کے لئے موزوں ترین امیدوار بناتی ہے۔ اپنے حسن و جمال کے ساتھ ساتھ سنبل فضاء کو ہر قسم کی آلودگی چاہے وہ گرد و غبار کی ہو یا موٹر گاڑیوں کے دھوئیں کی سب ہی کو آڑے ہاتھوں لیتا ہے اور گہری گھنی چھاؤں سے نہ صرف درجہ حرارت میں کمی کا باعث ہوتا ہے بلکہ سڑکوں کے اطراف ہونے کی صورت میں ان کی عمر بھی بڑھاتا ہے۔ اس کی تازہ کٹی ہوئی لکڑی کی رنگت کچھ سفید سی ہوتی ہے جو وقت کے ساتھ سلیٹی ہو جاتی ہے۔ صرف پانی کے اندر پائیدار پائی گئی ہے اس لئے چھوٹی کشتیوں اور کنوؤں کی دیواروں کے لئے استعمال ہوتی ہے۔ اس کا زیادہ استعمال پلائی وڈ کی صنعت میں ہی ہوتا ہے۔

ہماری گنجان شہری آبادیوں میں کنکریٹ، لوہے، پتھر اور شیشے سے بنی بلند و بالا عمارات، موٹر گاڑیوں کے کثیف دھوئیں اور بے پناہ شور ہمارے ماحولیاتی توازن کو درہم برہم کرنے کا سبب ہیں۔ اس طرز زندگی کی جملہ خرابیوں سے آگہی کے باوجود ہم اپنی معاشی اور سماجی مجبوریوں کے باعث اس سے یکسر انکار نہیں کر سکتے۔ سنبل امید کی ایک کرن ہے۔ اپنی عمودی بڑھوتری اور قد کاٹھ کی وجہ سے ان جملہ ماحولیاتی مسائل کے حل کے لئے ایک بہترین انتخاب ہے۔ اس کی طویل عمری اس کی اہمیت میں اور بھی اضافہ کرتی ہے۔ سنبل کے ایک صدی پرانے اور ایک سو فٹ سے بھی بلند دیو ہیکل درخت اب بھی لاہور کے لارنس گارڈن میں موجود ہیں، لاہور کی پرانی آبادیاں ماڈل ٹاؤن، میو گارڈنز اور جی او آر ون وغیرہ میں بھی کچھ ایسے بزرگ فیض بانٹتے دکھائی دیتے ہیں۔ انہیں

[illegible] پر [illegible]رنل چوک سے شیر پاؤ پل تک سایہ کئے رہتے تھے "ترقی" کی نظر ہو گئے۔ بظاہر دیو ہیکل نظر آنے والا اور آندھی طوفانوں سے نبرد آزما سنبل بھی لالچ کے عفریت اور جہالت کے طوفان کے آگے بے بس نظر آیا۔ سنبل کے یہ مقتول درخت لاہور شہر میں پروان چڑھنے والی کتنی ہی نسلوں کے ساتھی اور شہر کی زندگی کے کتنے ہی نشیب و فراز کے عینی شاہد بھی تھے۔ ان سوختہ جانوں کی جگہ لگائے جانے والے "نئے درخت" پندرہ سال گزرنے کے باوجود اب تک اپنی موجودگی کا احساس نہیں دلا سکے۔

نہیں معلوم پہلے سے موجود درختوں کی مکمل تباہی اور دور دور تک پھیلے کنکریٹ یا اسفالٹ کو ہی ترقی کیوں مانا جاتا ہے۔ موسم گرما کی سخت دھوپ میں پگھلی ہوئی سڑکیں درختوں کے بغیر اور بھی ناقابل برداشت ہو جاتی ہیں۔

***